Die Höher- und Tieferbettungen des Rheins zwischen Basel und Mannheim von 1882 bis 1921 und ihre Bedeutung für die Schiffbarmachung dieser Stromstrecke durch Regulierung

Ein Beitrag zur Kenntnis des Oberrheins

von

Dr.-Ing. e. h. Karl Kupferschmid

Oberbaurat in Karlsruhe

Mit 9 Textabbildungen

Berlin

Verlag von Julius Springer

1927

ISBN-13: 978-3-642-48511-4   e-ISBN-13: 978-3-642-48578-7
DOI: 10.1007/978-3-642-48578-7

Vorwort.

Die vorliegende Schrift ist veranlaßt worden durch den Streit der
Meinungen über die mit der Regulierung Sondernheim-Straßburg er-
zielten und von der Regulierung der Stromstrecke Straßburg—Basel
zu erhoffenden Verbesserung des Rheinfahrwassers. Eine polemische
Absicht liegt ihr fern; sie ist vielmehr das Ergebnis von Studien, die
zu dem Zweck angestellt wurden, um selbst einen klaren Einblick in
die Wechselbeziehung zwischen dem Stromzustand und der Regulierung
zu erhalten, was nur durch eine objektive Verarbeitung des zur Verfügung stehenden technischen Materials zu erreichen war.

Das Ergebnis war für mich selbst insofern überraschend, als es
zeigt, daß die bisherige Anschauung über die Wirkung der Korrektion
auf die Höhenlage des Strombettes nicht mehr zu halten ist. Ebenso
dürfte die Bedeutung des Stromzustandes für das Gelingen einer Regulierung in einem anderen Lichte als bisher erscheinen.

Die angewandte Methode kann auch bei der Bestimmung des so-
genannten gleichwertigen Wasserstandes (Gl. W.) am Rhein gute Dienste
leisten, die ohne eine zuverlässige Ermittelung der Höher- und Tieferbettungen an den in Betracht kommenden Pegeln aus dem derzeitigen
wenig befriedigenden Stadium nicht herauskommen kann.

Karlsruhe, im Juli 1927.

Kupferschmid.

Inhaltsverzeichnis.

Berichtigung.

S. 3 Zeile 5 der Tabelle I linke Hälfte lies 1882 bis VI. 1897 = 27 cm.

Einleitung.

Durch die zu Anfang des vorigen Jahrhunderts begonnene und in der Hauptsache bis zu den 1880er Jahren durchgeführte Korrektion hat der Rhein zwischen Basel und der badisch-hessischen Grenze auf eine Erstreckung von etwa 266 km eine neue Gestalt erhalten. In dem Bett, welches ihm dabei zwischen parallelen, fest ausgebauten Ufern gegeben wurde, ist sodann von 1907/08 bis 1918 zwischen Sondernheim und Straßburg auf eine Länge von 85 km zum Zweck der Fahrwasserverbesserung eine Regulierung nach der von Girardon vorgeschlagenen Methode vorgenommen worden. Die Weiterführung dieser Regulierung bis Basel ist geplant. Für die Beurteilung der beiden Regulierungen ist es vor allem notwendig, die Änderungen der Höhenlage des Strombetts zu kennen, welche die Korrektion der Gesamtstrecke sowie die Regulierung der Teilstrecke Sondernheim—Straßburg bisher ausgelöst haben.

Die einschlägige Untersuchung muß sich auf die vorhandenen Pegelbeobachtungen stützen, und es könnte, namentlich für den Fernerstehenden, mit den Stromverhältnissen oberhalb Mannheim nicht Vertrauten, scheinen, als ob sie nach den allgemeinüblichen Methoden, nämlich durch die Vergleichung von Mittelbildungen aus längeren Beobachtungsreihen — Monats-, Jahres-, Halbjahrs-, Abflußjahrsmitteln — oder der Stromspiegel bei niederen Beharrungsständen, endlich von Wasserständen mit gleicher Unterschreitungsdauer erfolgen könnte. In Wirklichkeit haben aber die bisher nach diesen Methoden angestellten Untersuchungen teils zu Unstimmigkeiten geführt, teils recht störende Ungenauigkeiten erkennen lassen. Als ein Beispiel hierfür mögen die bisher erfolglosen Bemühungen erwähnt werden, an den Rheinpegeln oberhalb Mannheim[1]) — seit der Regulierung Sondernheim—Straßburg oberhalb Straßburg—Kehl — zuverlässige Pegelzahlen für den Wasserstand zu erhalten, der gleichwertig ist mit dem eine wichtige Rolle im Ausbau der Rheinwasserstraße spielenden „gemittelten Niedrigwasser" am Kölner Pegel. Die Ursache liegt neben anderem vorwiegend in der

---

[1]) Wenn der Rhein oberhalb Mannheim in der Folge als Oberrhein bezeichnet wird, so geschieht dies mit Rücksicht auf den Gebrauch dieser Bezeichnung in der Schiffahrt. Die hydrographische Bezeichnung ist bekanntlich eine andere.

unbegrenzten Beweglichkeit der Stromsohle und in der fortwährenden Änderung ihrer Form infolge der mächtigen Geschiebebewegung, die durch die Korrektion, wenn auch nicht erst ausgelöst, so doch gewaltig gesteigert worden ist, und sich in der ganzen Strecke, soweit sie nicht bereits reguliert ist, heute noch in einer ununterbrochenen Abwärtswanderung großer Kiesbänke äußert. Dabei bettet sich der Strom auf längere oder kürzere Erstreckungen bald höher, bald tiefer, und die zwischen den Kiesbänken innerhalb der festen Ufer sich schlängelnde Niederwasserrinne wandert nach und nach vor den Pegeln stromabwärts. Alle diese Änderungen sind selbstverständlich in den abgelesenen Pegelzahlen enthalten, ihr Maß ist aber nicht ohne weiteres zu erkennen, weshalb die Verwendung der Zahlen ohne eine gleichzeitige Würdigung der Vorgänge im Strombett zu Irrtümern und falschen Schlüssen führen muß. Diese Tatsache ist zwar schon lange bekannt; man nahm aber bisher an, daß die aus ihr sich ergebenden Fehler verschwinden, wenn Mittel (Durchschnittswerte) aus längeren Perioden miteinander verglichen werden; eine Annahme, die indes an sich fragwürdig ist und gegen die überdies noch häufig durch die Wahl zu kurzer Vergleichsperioden verstoßen wurde. Es ist daher unerläßlich, zunächst auf die Pegel, ihre Stellung zum Strom und die Art ihrer Beobachtung, sowie auf die Stromverhältnisse und ihre Einwirkung auf die Pegelbeobachtung näher einzugehen.

Die Pegel, ihre Stellung zum Strom und ihre Beobachtung.

Zwischen Basel und der badisch-hessischen Grenze stehen am rechten Ufer 25 Pegel. Ungefähr dieselbe Zahl dürfte am linken Ufer anzunehmen sein; nachdem aber jetzt die längere Strecke von der schweizerischen bis zur französisch-bayerischen Grenze unter französischer Herrschaft steht, muß von einer Einbeziehung dieser Pegel in die vorstehende Untersuchung abgesehen werden.

Der wichtigste Pegel am Oberrhein in hydrographischer Hinsicht ist derjenige bei Basel. Er steht am linken Ufer unmittelbar unterhalb der mittleren Basler Brücke. Das Stromprofil zeigt die größte Tiefe beim Pegel, und die Sohle steigt von da ziemlich gleichmäßig gegen das rechte Ufer, wo sie heute auf $+ 0{,}67$ m a. P. liegt. Bei kleinstem Niederwasser fällt ein Streifen von etwa 30 m Breite vor dem rechten Ufer trocken. Eine Bewegung von Kiesbänken, wie entlang dem badischen Ufer, findet hier nicht statt, größere Geschiebemengen kommen vom Oberstrom nicht zu Tal. Der Stromspiegel senkrecht zum Ufer kann am Pegel bei Niederwasser als horizontal angenommen werden. Die Stromsohle bei Basel galt lange Zeit als nahezu unverändert. Neuere Untersuchungen haben aber erwiesen, daß von 1820 bis einschließlich 1925 eine Tieferbettung von insgesamt 114 cm stattgefunden hat, die heute noch nicht zum Stillstand gekommen ist. Für die Zeit, über welche sich die vorstehende Untersuchung erstreckt — 1882 bis 1925 —, sind folgende Maße der Tieferbettung festgestellt[1]):

Tabelle I.

1882 bis	VII. 1888	=	0 cm		1882 bis	XII. 1902	= 36 cm
„	VIII. 1890	=	5 „		„	20. V. 1906	= 37 „
„	I. 1897	=	15 „		„	31. XII. 1906	= 42 „
„	IV. 1897	=	21 „		„	15. VI. 1910	= 41 „
		=	27 „		„	27. XII. 1916	= 61 „
„	XII. 1898	=	32 „		„	24. XII. 1919	= 65 „
„	XII. 1899	=	33 „		„	13. V. 1922	= 69 „
„	XII. 1900	=	34 „		„	31. XII. 1924	= 76 „
„	XII. 1901	=	35 „		„	31. XII. 1925	= 79 „

Die Beobachtung des Basler Pegels reicht bis zum Anfang des vorigen Jahrhunderts zurück. Seit Dezember 1868 werden die Wasserstände durch einen selbstschreibenden Pegel aufgezeichnet, bis 1903 mit stündlicher, später mit halbstündlicher Markierung.

Seit der Erstellung der Großkraftwerke am Rhein bei Rheinfelden 1898 und an der Aare bei Beznau 1902 weisen die Markierungen des selbstschreibenden Pegels weder an bestimmte Tage, noch an bestimmte Tagesstunden gebundene Tagesschwankungen auf, deren Amplitude in der Regel nicht mehr als 20 cm, seit der Inbetriebnahme des Großkraftwerkes Augst-Wyhlen im August 1912 bis 27 cm beträgt. Daneben kamen aber vereinzelt auch Schwankungen bis 56 cm vor. Die von Baden veröffentlichten Wasserstandtabellen geben bis einschließlich 1920 die Zahlen wieder, die auf die für die regelmäßige Beobachtung festgesetzte Zeit entfallen (von 1882 bis mit 1887 im Sommer zwischen 6a und 7a, im Winter zwischen 7a und 8a, von 1888 an um 12a). Seit 1921[2]) wird das Mittel der Tagesschwankungen veröffentlicht. Eine entsprechende Umrechnung der Pegelzahlen für Basel bis 1898 bzw. 1902 zurück hat aber nicht stattgefunden, so daß also bis dahin — abgesehen von den nur vereinzelt gebliebenen größeren Tagesschwankungen, die hier außer acht gelassen werden können — bei einer Vergleichung der Pegelzahlen Fehler bis $\frac{20}{2} = 10$ cm bzw. $\frac{27}{2} = 14$ cm vorkommen können. Ein Mißstand ist es auch, daß keine Möglichkeit besteht, die Bildung der Tagesmittel bis unterhalb Kehl, bis wohin die Tagesschwankungen verfolgt werden können, auszudehnen. Es wäre

---

[1]) Ghezzi, Die Abflußverhältnisse des Rheins in Basel, S. 60, mit nachträglicher Ergänzung von 1922—1925.

[2]) Vgl. Jahrbuch des Hydrographischen Bureaus der Badischen Wasser- und Straßenbaudirektion Karlsruhe für 1920 und 1921, Tafel 7; Fußnote.

sehr zu wünschen, daß wenigstens der dem Basler Beobachtungsmaterial bis 1898 zurück anhaftende Mangel nachträglich beseitigt werden möchte.

Über die Standorte und Nullpunktshöhen der badischen Pegel gibt die folgende Zusammenstellung Aufschluß:

Tabelle II.

O. Z.	Pegel	Entfernung vom Basler Pegel km	Höhe des Nullpunktes m + NN	O. Z.	Pegel	Entfernung vom Basler Pegel km	Höhe des Nullpunktes m + NN
1	Schusterinsel .	4,1	238,593	15	Plittersdorf . .	173,7	106,673
2	Rheinweiler . .	19,7	223,240	16	Steinmauern . .	177,8	104,801
3	Neuenburg . .	33,1	210,037	17	Neuburgweier .	187,6	100,687
4	Hartheim . . .	48,2	195,659	18	Maxau	195,7	97,724
5	Breisach . . .	58,9	185,521	19	Leopoldshafen .	204,5	95,052
6	Sasbach	73,8	172,186	20	Dettenheim[2]) .	212,9	92,811
7	Weisweil . . .	84,4	162,868	20a	Sondernheim .	213,9	92,534
8	Kappel	94,6	154,442	21	Philippsburg . .	222,4	90,575
9	Ottenheim . .	104,0	147,299	22	Altlußheim . .	228,7	89,434
10	Altenheim . .	114,6	139,917	23	Ketsch[3]) . . .	243,8	87,014
11	Kehl[1])	127,0	132,116	23a	Rheinau. . . .	248,5	86,316
12	Diersheim . . .	139,1	125,087	24	Mannheim . . .	258,5	85,124
13	Grauelsbaum .	149,9	119,031	25	Sandhofen . .	264,7	84,497
14	Söllingen . . .	160,9	113,092				

Von allen diesen Pegeln stehen nur diejenigen bei Söllingen, Altlußheim und Rheinau in stark gekrümmten Konkaven, die übrigen in mehr oder weniger langen geraden oder in schwach gekrümmten Strecken.

Die Beobachtung der Pegel bei Nieder- und Mittelwasser erfolgte einmal täglich bis zum 31. Dezember 1887, im Sommer zwischen 6a und 7a, im Winter zwischen 7a und 8a; seit 1. Januar 1888 wird um 12a beobachtet.

Die Beobachter sind angewiesen, sobald sich eine Kiesbank vor den Pegel legt, in der Strömung einen Hilfspegel zu setzen und an diesem so lange abzulesen, bis der Pegel selbst wieder von der Strömung bestrichen wird.

Die Beobachtungen reichen an fast allen Pegeln noch in die erste Hälfte des vorigen Jahrhunderts zurück; die Ergebnisse sind aber erst vom 1. Januar 1882 ab vom Zentralbureau für Meteorologie und Hydrographie im Großherzogtum Baden in allmonatlich zur Ausgabe gelangenden Tabellen veröffentlicht worden. Seit 1. Januar 1921 ist diese

---

[1]) Verlegung des selbstschreibenden Pegels von Kehl nach Marlen (rechtes Ufer km 121,5) am 9. Mai 1911. Die Beobachtungen von Marlen sind wegen der kurzen Periode, über die sie sich erstrecken, nicht verwertet.

[2]) Seit 1. April 1905 Sondernhein am linken Ufer.

[3]) Seit 1. Januar 1902 Rheinau am rechten Ufer. Der Ketscher Pegel stand seit 1877 am linken Ufer auf der Kollerinsel.

Art der Veröffentlichung eingestellt und werden die Beobachtungsergebnisse jahrweise als Anlage den Jahrbüchern des Hydrographischen
Bureaus der Badischen Wasser- und Straßenbaudirektion Karlsruhe bei-
gefügt. Bis jetzt liegen nur die Beobachtungsergebnisse für 1921 vor.
Über den jeweiligen Stromzustand bei den Pegeln geben die Veröffent-
lichungen keinen Aufschluß.

An den wichtigeren Pegelstellen sind neben den Skalenpegeln noch
selbstschreibende Apparate aufgestellt, deren Aufzeichnungen jedoch
nicht veröffentlicht werden.

Die Stromverhältnisse und ihre Einwirkung auf die Pegelbeobachtung.

Das bei der Korrektion geschaffene Bett (Mittelbett) sollte
innerhalb seiner Ufer die gewöhnlichen Hochwasser abführen können.
Für die Abführung der Mittel- und Niederwasser ist dieses Bett also
zu breit, und es muß sich deshalb bei solchen Wasserständen in ihm
ein zwischen den parallelen Ufern hin- und herschlängelndes Rinnsal
bilden, dessen Lauflänge größer ist als diejenige des Strombettes und
dessen relatives Gefälle kleiner als dasjenige des Stromes in seiner Achse.
In diesem Rinnsal liegt der Talweg. Wo er am Ufer anliegt — im Kolk —
ist die Wasserspiegelbreite am kleinsten, die Tiefe am größten, das
Spiegelgefälle am schwächsten; auf dem Übergang von einem Ufer
zum andern — der Schwelle — ist die Wasserspiegelbreite am größten,
die Tiefe am kleinsten, das Spiegelgefälle am stärksten. Der Talweg
stellt sich also als eine Aufeinanderfolge von Woogen und Furten dar.
Seine Begrenzung wird gebildet in den Kolken einerseits durch ein
Ufer, anderseits durch eine Kiesbank, auf den Schwellen beiderseits
durch Kiesbänke. Auf den Schwellen bildet der Talweg meist einen
spitzen Winkel mit der Achse des Bettes, doch kommen, namentlich
oberhalb Kehl, auch Fälle vor, wo der Winkel bis zu einem rechten
wächst, ja sogar der Talweg auf der Schwelle stromaufwärts gerichtet
ist. In stark gekrümmten Strecken hält sich der Talweg immer am
konkaven Ufer, in schwächer gekrümmten Strecken sind aber auch
schon Fälle vorgekommen, in denen er sich, allerdings nur vorübergehend, nahe an das konvexe Ufer gelegt hat.

Abb. 1 bis 4[1]) geben einige Beispiele der Gestaltung des Strombettes.

Im allgemeinen gestalten sich die Talwegsübergänge bei lange
dauerndem Niederwasser schroffer, während sich bei anhaltenden mittleren Wasserständen und während der mehrere Monate (April bis
Juli) dauernden Sommeranschwellung der Talweg streckt. Bei großem

---

[1]) Aus Beiträge zur Hydrographie des Großherzogtums Baden. Atlas zum
III. Heft. Karlsruhe 1885.

Hochwasser nähern sich die Strömungsrichtung und der Talweg mehr der Achse des Bettes. Nach den Hochwassern ist die Talwegslinie in der Regel eine andere, unregelmäßigere, als vorher; neben der Hauptrinne haben sich Nebenrinnen gebildet, und die Kiesbänke erscheinen bald verschleift, bald erhöht oder sogar aufeinander geschoben.

Das aus dem Niederwasserrinnsal und den Kiesbänken gebildete Bett befindet sich in ständiger Bewegung stromabwärts. Bei Niederwasser beschränkt sich diese Bewegung auf den Geschiebetransport im Rinnsal und den Abbruch der Kiesbänke an ihrem oberen und das Wiederanlegen des Kieses an ihrem unteren Ende. Bei mittleren Wasserständen nehmen Bewegung, Abbruch und Wiederanlegen zu, und bei Hochwasser ist das ganze Gebilde in Bewegung. Das Vorrücken stromabwärts hängt also in erster Reihe von der Dauer und Höhe der Hochwasser, sodann aber auch von dem Verlauf der Wasserstandsbewegungen bei Nieder- und Mittelwasser ab; es erfolgt rascher in der stärker fallenden oberen als in der schwächer fallenden unteren Stromstrecke; durchschnittlich werden 300—600 m im Jahr angenommen.

Die Entfernung zweier benachbarter Schwellen hängt teils von der Linienführung des Strombettes, teils vom Stromgefälle, endlich von dem Verlauf der Wasserstandsbewegungen ab und ist

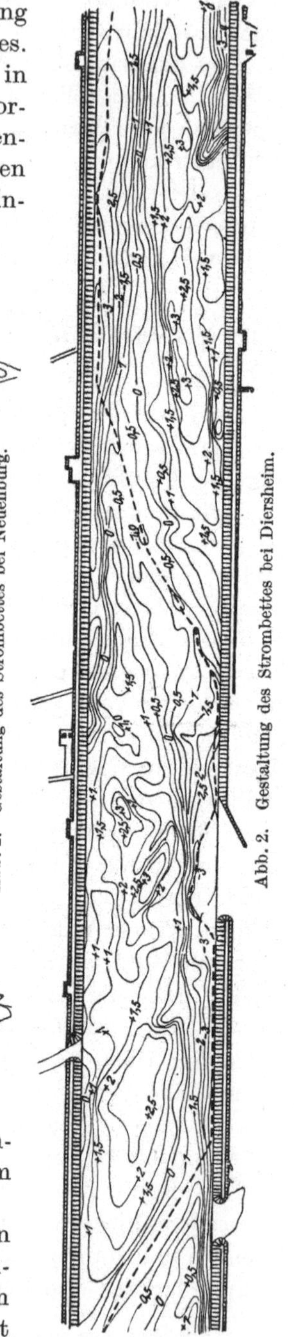

Abb. 1. Gestaltung des Strombettes bei Neuenburg.

Abb. 2. Gestaltung des Strombettes bei Diersheim.

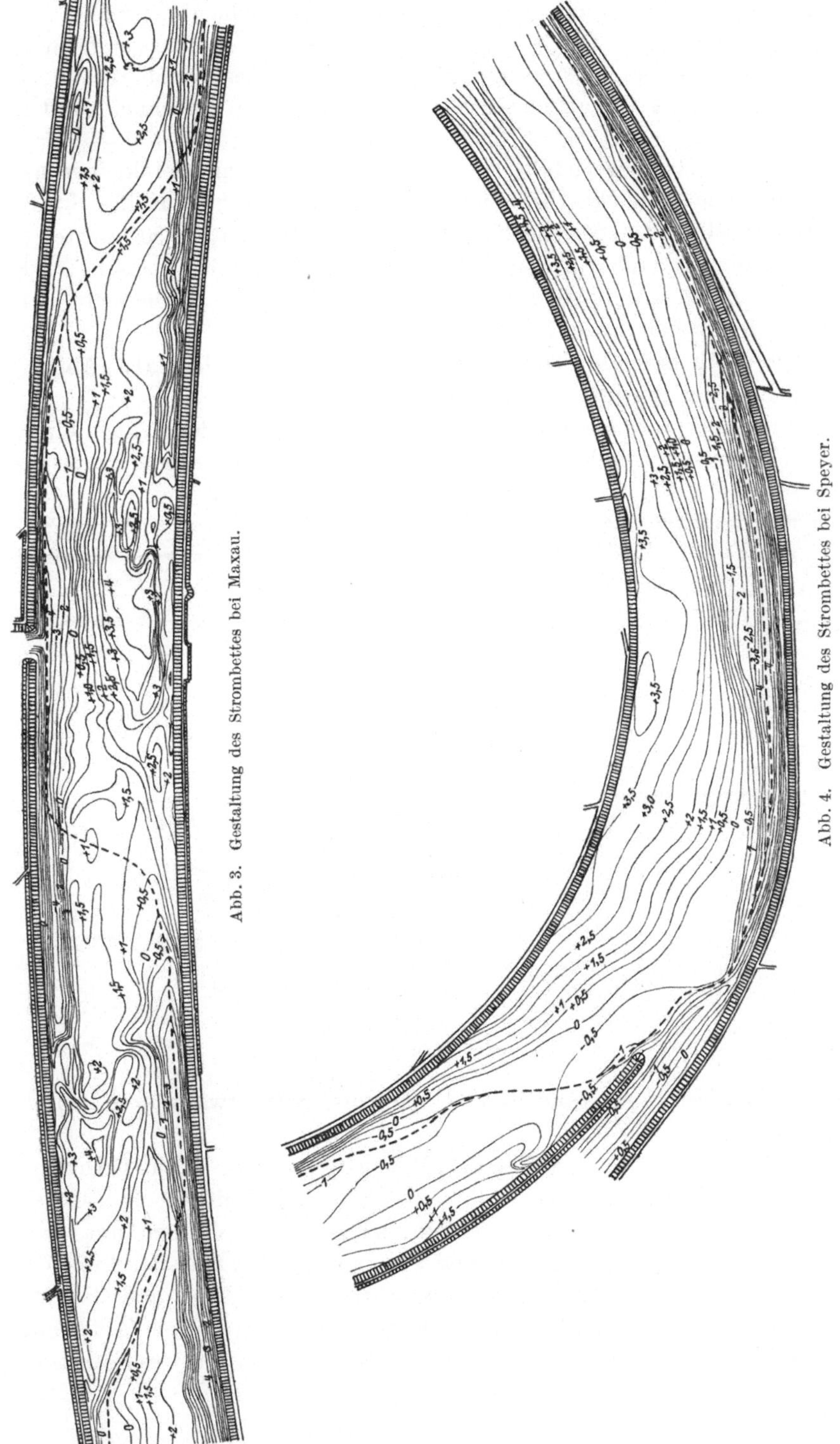

Abb. 3. Gestaltung des Strombettes bei Maxau.

Abb. 4. Gestaltung des Strombettes bei Speyer.

daher sehr verschieden, dürfte aber in der Regel nicht weniger als 1 km und nicht mehr als 2 km betragen, so daß also für das Passieren eines aus zwei Schwellen mit zwischenliegendem Kolk bestehenden Gebildes an einem Pegel im allgemeinen etwa 2—5 Jahre gerechnet werden können.

Das Wasserspiegelgefälle in den Kolken ist sehr viel kleiner als das Stromgefälle. Die Höhe der Schwellen ist oberhalb Kehl—Straßburg, woselbst das Stromgefälle von 1 : 1600 bis auf 1 : 900 ansteigt, im allgemeinen größer als unterhalb, wo es bis Maxau auf etwa 1 : 3000, bis Mannheim auf 1 : 9000 abnimmt. Die Kiesbänke reichen mit den höchsten Rücken bis auf Mittelwasser.

Die stark fallende Strecke über den Schwellen pflegt als „Abfall" bezeichnet zu werden.

Schematisch stellt sich der Stromzustand in dem Augenblick, in welchem das Gebilde mit der unteren Schwelle an einem Pegel an-

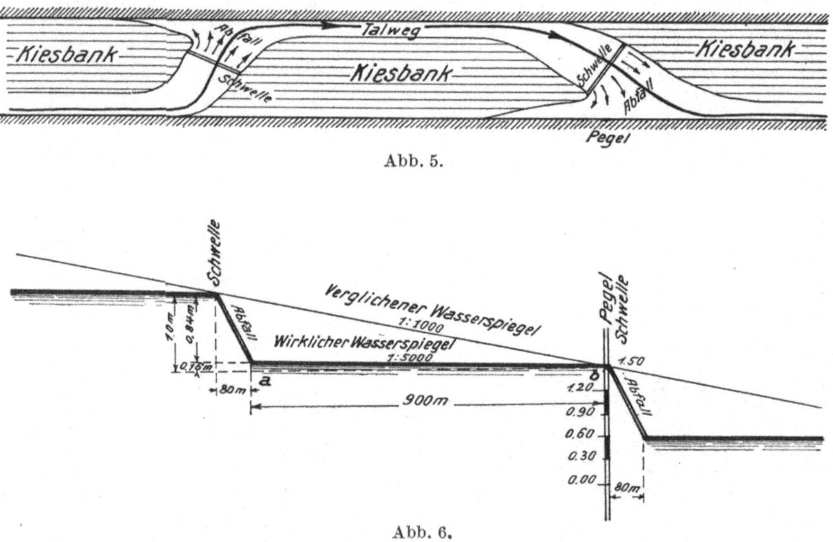

Abb. 5.

Abb. 6.

gekommen ist, im Grundriß und Längenschnitt etwa wie in Abb. 5 und 6 dar.

Angenommen, die Wasserführung würde sich während der ganzen Dauer des Vorbeiziehens der beiden Schwellen und des Kolkes nicht ändern, so zeigt ein Versuch mit einer Deckpause des Wasserspiegelbildes, die man in Abb. 6 an der Linie des verglichenen Wasserspiegels stromabwärts gleiten läßt, daß die Ablesungen am Pegel nach und nach kleiner werden bis zu dem Zeitpunkt, in welchem der Fuß des Abfalles erreicht wird. Der Gesamtbetrag,

um den sie abnehmen, ist gleich dem Unterschied zwischen dem abso-
luten Gefälle des verglichenen und demjenigen des wirklichen Wasserspiegels zwischen den Punkten *a* und *b*. Bei weiterer Verschiebung des
Bildes um die Länge des Abfalles wird die alte Höhe am Pegel wieder
erreicht. Es ergibt sich hiernach während des Vorüberziehens der
beiden Schwellen am Pegel eine sägezähneförmige Wasserstandslinie,
wie sie in Abb. 7 dargestellt ist, deren Enden auf gleicher Höhe und
deren tiefster Punkt um die bereits erwähnte Gefällsdifferenz darunter-
liegt.

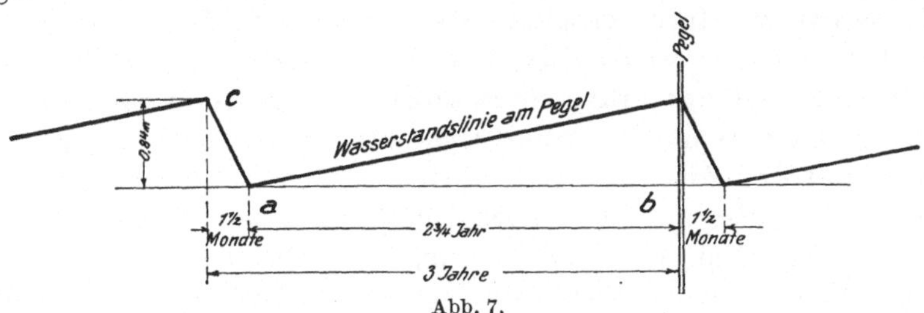

Abb. 7.

Das gleiche findet natürlich auch dann statt, wenn die Wasserstände
während des Vorbeiziehens des Stromgebildes vor dem Pegel sich ändern,
nur ist es an den Pegelzahlen eben infolge der Schwankungen des
Wasserstandes nicht ohne weiteres zu erkennen.

Dieser rein geometrische Vorgang wird in den Kolken modifiziert
durch den Anprall der Anfälle gegen das Ufer und die Querneigung
des Stromspiegels. Durch die ersteren wird der Wasserspiegel am Ufer
gehoben; solange also der Pegel in ihrem Bereich steht, werden die
Ablesungen zu hoch. Mit einem ziemlich starken Quergefälle — um
so größer, je kleiner der Halbmesser der Laufkrümmung — ist in den
Kolken zu rechnen, woselbst der Wasserspiegel am Ufer höher liegt
als an der gegenüberliegenden Kiesbank. In starken Krümmungen sind
schon Unterschiede von 30—40 cm festgestellt worden.

Hiernach müssen die Ablesungen in den Kolken stets mit mehr
oder weniger großen Fehlern behaftet sein, die überdies bei jeder Änderung der Wasserführung andere Werte annehmen. Auf den Schwellen
dagegen scheiden diese Fehlerquellen aus, da auf ihnen der Wasserspiegel
in dem zum Stromstrich senkrechten Stromprofil horizontal liegt.
Wenn also die hydrographische Verwertung der Pegelbeobachtungen Anspruch auf Zuverlässigkeit machen will,
so muß sie sich auf die Beobachtungen über den Schwellen
stützen.

Wesentlich anders liegen die Verhältnisse in der regulierten
Strecke Sondernheim—Straßburg, woselbst zwar nicht die Kiesbewegung, wohl aber die Kiesbankbewegung aufgehört hat. Auch hier

sind noch Schwellen und Kolke vorhanden, die ersteren auf den Übergängen von einem Ufer zum andern, die letzteren da, wo das Niederwasserbett am Ufer anliegt. Die Tiefen und infolge davon auch das
Längenprofil sind aber, wenn auch nicht vollständig, so doch so weit
ausgeglichen, daß von Abfällen nicht mehr gesprochen werden kann,
und die Schwellen behalten ihre Lage mit geringen Verschiebungen
bei. Die Übergänge selbst sind stets unter einem spitzen Winkel gegen
die Achse des Strombettes gerichtet, und die Linienführung setzt sich
aus Lemniskaten zusammen, deren Krümmungshalbmesser stromauf-
und abwärts von Inflexionspunkt stetig abnimmt. Die Höhenlage
der Übergänge wird durch die Kiesbewegung über die
Schwellen bedingt, ihre Schwankungen bleiben aber innerhalb verhältnismäßig enger Grenzen, um so enger, je voll-
kommener der Zweck der Regulierung erreicht ist. Die Pegelzahlen weisen also auch hier noch Unterschiede auf, die nicht durch
die Verschiedenheit der Wasserführung allein bedingt sind, und ihre
Verwendbarkeit, namentlich ihre Vergleichbarkeit mit Pegelzahlen,
die aus anderen Stromstrecken mit festem oder doch nur wenig beweg-
lichem Bett gewonnen sind, erscheint dadurch noch bis zu einem gewissen Grade beeinträchtigt. Indessen können die Fehler nicht be-
trächtlich sein, auch ist anzunehmen, daß sie sich bei der Vergleichung
längerer Perioden ziemlich ausgleichen.

Die bisherige Verwertung der Pegelbeobachtungen.

Die Verwendung von Mittelbildungen aus Pegelzahlen —
Monate, Halbjahre, Jahre, Abflußjahre umfassend — setzt eine stetige,
lediglich durch die Schwankungen der Wasserführung bedingte Änderung
der Wasserstandszahlen voraus, die nach dem oben Gesagten angenähert
im regulierten, dagegen nicht im korrigierten Strom statthat. Weiter
spielen nasse und trockene Jahre als eine Fehlerquelle mit herein, die
sich selbst bei einer vorsichtigen Wahl der Vergleichsperioden wohl
nie ganz vermeiden läßt. Wenn solche Mittelbildungen zur Feststellung
der Höher- und Tieferbettungen verwendet werden, so treten die Fehler
allerdings dann zurück, wenn die Änderungen der Höhenlage große
Maße erreichen, wie z. B. bei Rheinweiler und Neuenburg, und die Erscheinung wird aus den gebildeten Mitteln in ihren rohen Umrissen
erkennbar; ein genaues Maß derselben darf man aber nicht erwarten.
Handelt es sich jedoch nur um kleine Änderungen der Höhenlage, so
sind falsche Schlüsse fast unvermeidlich. Dieses Verfahren ist also
am Oberrhein nicht anwendbar.

Niedere Beharrungsstände sind bisher nur zur Ermittelung von
Längenschnitten des Stromspiegels und hauptsächlich zur Feststellung

der Höher- und Tieferbettungen verwendet worden, wobei sie zunächst auf einen gemeinsamen Ausgangswasserstand reduziert wurden. Die Höhenunterschiede zwischen den einzelnen Stromspiegellinien stellten dann die Höher- und Tieferbettungen dar. Als Vergleichsbasis muß ein Pegel zur Verfügung stehen, an dem das Strombett seine Höhenlage nicht ändert. Von den unterhalb Basel stehenden Pegeln ist hierzu wegen der vollkommenen Beweglichkeit der Stromsohle keiner geeignet. Auch der Basler Pegel ist es nach dem oben Ausgeführten eigentlich nicht, wird es aber dadurch, daß die Veränderungen der Höhenlage des Bettes vor ihm für jeden beliebigen Zeitpunkt während der letzten 100 Jahre genau festgestellt sind. Selbstverständlich können nur solche Beharrungsstände in Betracht kommen, die innerhalb der zur Untersuchung stehenden Strecke in keiner Weise gestört wurden, während deren also gleichzeitig auch alle Zuflüsse einen niederen Beharrungsstand zeigten.

Als Ausgangs- (Vergleichs-) Wasserstand kann irgendein Niederwasser am Basler Pegel von längerer Beharrungsdauer gewählt werden. Würde etwa das Niederwasser vom 15. Februar 1882 mit $+\,0{,}25$ m gewählt, so erfolgt die Reduktion anderer Beharrungsstände auf dieses Niederwasser mit Hilfe der Gleichung $R = a + h - 0{,}25$ m, worin bedeutet a die wirkliche Ablesung am Basler Pegel bei dem zu reduzierenden Niederwasser, h die nach Ghezzi infolge der Tieferbettung an der Basler Pegelzahl anzubringende Reduktion. Beispielsweise wäre für ein Niederwasser im März 1894 mit $a = 0{,}35$, $h = +0{,}15$ (nach Ghezzi), die an den badischen Pegelzahlen vorzunehmende Reduktion $R = 0{,}35 + 0{,}15 - 0{,}25 = +0{,}25$ m; oder für ein Niederwasser vom November 1898, das mit $-\,0{,}20$ m am Basler Pegel notiert ist, mit $a = -0{,}20$; $h = +0{,}32$ m; $R = -0{,}20 + 0{,}32 - 0{,}25 = -0{,}13$ m.

Bei der Reduktion sind nach zwei Richtungen Fehler möglich: einmal infolge der Tagesschwankungen am Basler Pegel von 1898 bzw. 1902 bis mit 1920, deren Grenzen zwischen $\pm 0{,}10$ bzw. $\pm 0{,}14$ m liegen; diese Fehler müssen als unvermeidlich hingenommen werden, solange nicht die Tagesmittel zur Verfügung stehen; sodann infolge des Umstandes, daß die verschiedenen Wasserführungen entsprechenden Wasserspiegel zwischen Basel und Mannheim nicht genau parallel verlaufen; dieser letztere Fehler läßt sich aber auf ein erträgliches Maß beschränken, wenn nur solche Wasserstände verglichen werden, die nicht weit auseinander liegen.

Am nicht regulierten Oberrhein muß indes auf diese Verwertung niederer Beharrungsstände verzichtet werden, weil die damit gewonnenen Linien des Stromspiegels nach dem oben Ausgeführten eine regellose Folge von Wasserhöhen in Kolken und auf Schwellen darstellen und eine Ausgleichung durch Mittelbildungen in Anbetracht der Verschiedenartigkeit der Fehlerquellen nicht zulässig erscheint.

Die Unterschreitungsdauer hat am Rhein in den letzten 20 Jahren dadurch eine besondere Bedeutung erlangt, daß sie zur Festsetzung des mit dem „gemittelten Niedrigwasser" am Kölner Pegel gleichwertigen Wasserstandes — kurz mit Gl. W. bezeichnet — an den wichtigsten Rheinpegeln verwendet wurde, der deshalb sehr wichtig ist, weil von ihm aus die Fahrwassertiefen zu messen sind, die in den einzelnen Stromstrecken nach der unter den Rheinuferstaaten getroffenen Vereinbarung plangemäß vorhanden sein sollen, beispielsweise zwischen der deutsch-niederländischen Grenze und Köln 3,00 m, zwischen Köln und St. Goar 2,50 m, zwischen St. Goar und Mannheim 2,00 m.

Bis 1885 hatte man geglaubt, daß dem gemittelten Niedrigwasser mit $+1,50$ m am Kölner Pegel eine durchschnittliche jährliche Unterschreitungsdauer von 10 Tagen entspreche. Zur Festsetzung des mit $+1,50$ m am Kölner Pegel gleichwertigen Wasserstandes an den übrigen Pegeln dienten damals niedere Beharrungsstände, die vom Niederrhein bis zum Oberrhein aneinandergereiht wurden. Das Vertrauen in diese Art der Festsetzung schwand aber mehr und mehr, als sich, namentlich am Oberrhein, beträchtliche Unstimmigkeiten in den ermittelten Pegelzahlen ergaben. Man glaubte, die Erklärung dafür in der „Verschiedenheit der Abflußformen" im Nieder- und Oberrhein suchen zu sollen und, da gleichzeitig entdeckt wurde, daß sich der Strom bei Köln seit 1885 tiefer gebettet hatte, der Stand von $+1,50$ m Köln also nicht mehr dem früheren Begriff des „gemittelten Niedrigwassers" mit einer durchschnittlichen jährlichen Unterschreitungsdauer von 10 Tagen entspreche, so wurde von der Preußischen Landesanstalt für Gewässerkunde 1908 vorgeschlagen, den gleichwertigen Wasserstand mit Hilfe der Unterschreitungsdauer zu bestimmen. Bei diesem Anlaß wurde auch festgestellt, daß dem Stand von $+1,50$ m am Kölner Pegel bereits im Jahre 1885 eine durchschnittliche Unterschreitungsdauer von 20 Tagen im Jahre entsprochen habe und unter Verwendung von Wasserständen mit gleicher Unterschreitungsdauer nachgewiesen, daß die erwähnte Tieferbettung am Kölner Pegel zwischen 1885 und 1905 eingetreten sei und 0,28 m betragen habe, so daß also 1905 bzw. 1908 einer 20 tägigen Unterschreitungsdauer der Stand von $+1,22$ m am Kölner Pegel entsprach.

Dem Vorschlag der Preußischen Landesanstalt für Gewässerkunde wurde zwar von der Zentralkommission für die Rheinschiffahrt entsprochen, die Unstimmigkeiten in den Pegelzahlen für den noch nicht regulierten Oberrhein verschwanden aber gleichwohl nicht, was nach dem oben Ausgeführten auch nicht zu verwundern ist. Aber auch in der regulierten Strecke ergab sich innerhalb der nächsten 10 Jahre nach der Fertigstellung der ersten Anlage der Regulierung — 1916 bis 1925 — keine Übereinstimmung. Hier wie am Nieder- und Mittelrhein zeigte es sich eben außerdem, daß auch die Wahl der Vergleichsperiode eine wichtige Rolle spielt. Die Preußische Landesanstalt für Gewässerkunde hatte 1908 fünfjährige Vergleichsperioden vorgeschlagen, wobei man anzunehmen schien, daß innerhalb derselben der Einfluß mehr oder weniger trockener oder nasser Jahre sich ausgleichen würde. Dies ist aber nicht der Fall. Wie die Aufzeichnung der Wasserstandsdauer-linien an 6 Pegeln des Mittel- und Niederrheins für die 10 aufeinander-folgenden fünfjährigen Perioden von 1901/05—1910/14[1]) zeigt, liegen die einzelnen Dauerlinien an jedem Pegel sehr weit auseinander. Ein rechnungsmäßiger Anhalt dafür, daß eine der Dauerlinien und welche die richtige sei, dürfte wohl nicht zu erbringen, die Wahl des Vergleichs-jahrfünfts also mehr oder weniger Gefühlssache sein. Als ein Beispiel mag angeführt werden, daß sich bei Kehl mit einer 20tägigen Unter-schreitung im Jahrfünft 1916/20 die Pegelzahl 1,69 m, im Jahrfünft 1921/25 dagegen nur 1,35 m ergeben hat, also ein Unterschied von 0,34 m, wovon, wie später noch gezeigt werden wird, allerdings 0,13 m auf die Tieferbettung des Stromes entfallen, so daß also auf Rechnung der Wahl der Vergleichsperiode nur noch 0,21 m, immerhin aber mehr als erwünscht, zu setzen sind. Dazu kommt weiter, daß die Wasser-standsdauerlinien für solche Pegel, an welchen Veränderungen der Höhenlage des Bettes vorkommen, mit jenen für diejenigen Pegel, an welchen solche Veränderungen nicht statthaben oder nicht das gleiche Maß aufweisen, überhaupt nicht verglichen werden dürfen.

Die Frage, wie der gleichwertige Wasserstand zu bestimmen ist, erscheint hiernach, zum mindesten für den Oberrhein, noch nicht ab-schließend gelöst. Auch die letzte offizielle Festsetzung von 1923 (Gl. W. 1923) vermag nicht zu befriedigen, ganz abgesehen davon, daß neuerdings amtlich als Regulierungswasserstand nicht ein Wasser-stand mit 20tägiger, sondern ein solcher mit 47tägiger Unterschreitungs-dauer, also nicht R. W. 1923, sondern Gl. W. 1923 angenommen wird, womit der frühere Begriff des gemittelten Niedrigwassers fallen gelassen worden ist.

Die Unsicherheiten, die der Verwertung von Wasserständen mit gleicher Unterschreitungsdauer für die vorgenannten Zwecke anhaften, haben neuerdings zu dem Vorschlag geführt, die Pegelbeobachtungen durch die Abflußmengen zu ersetzen. Die Bestimmung des Gl. W. hätte in diesem Fall von Köln aus gegen Oberstrom vorschreitend unter Berücksichtigung der Abnahme der Wassermenge zu erfolgen. Am nicht regulierten Oberrhein muß aber auch diese Methode ver-sagen, weil, wie oben gezeigt wurde, infolge des Wechsels der Stellung der Pegel zur Niederwasserrinne einer und derselben Abflußmenge

---

[1]) Vgl. meine Abhandlung über den für den Ausbau der Rheinwasserstraße maß-gebenden Wasserstand in „Der Bauingenieur", 1927, Heft 28 vom 9. Juli.

14   Die bisherige Verwertung der Pegelbeobachtungen.

am nämlichen Pegel verschiedene Pegelzahlen entsprechen können.
Es hat daher auch keinen Zweck, für solche Messungen den wahrscheinlichen Fehler mit Hilfe der Methode der kleinsten Quadrate
zu bestimmen, wie es im Jahrbuch des Hydrographischen Bureaus
der Badischen Wasser- und Straßenbaudirektion Karlsruhe für 1920
und 1921 mit Messungen am Maxauer Pegel aus den Jahren 1905/06,
also vor der Regulierung, geschehen ist.

Tabelle III.   Gruppe I (Vor der Regulierung Sondernheim-Straßburg).

O. Z.	Pegel	Jährliche Höher(+)- und Tiefer(—)-bettung	28/II 1884 $h=0,00$ $a=+0,84$	28/XI 1884 $h=0,00$ $a=+0,25$	28/I 1885 $h=0,00$ $a=+0,15$	24/II 1886 $h=0,00$ $a=+0,57$	24/II 1887 $h=0,00$ $a=+0,37$	5/III 1888 $h=0,00$ $a=+0,36$	8/III 1889 $h=0.05$ $a=+0,44$	Größte Differenzen
						Reduzierte Pegelstände				
		cm	cm	cm	cm	cm	cm	cm	cm	cm
1	Basel . . .	—	+25	+25	+25	+25	+25	+25	+25	
2	Schusterinsel	—2,6	132	130	125	138	135	**139**	134	5
3	Rheinweiler .	—	106	101	100	**126**	120	118	115	11
4	Neuenburg .	—6,2	193	191	**194**	179	162	159	**207**	35
5	Hartheim. .	—1,2	165	161	167	174	**177**	168	154	23
6	Breisach . .	—	124	155	157	**158**	153	147	99	59
7	Sasbach . .	—1,4	**170**	149	155	144	135	142	137	35
8	Weisweil . .	+2,4	**226**	205	207	163	181	182	215	63
9	Kappel. . .	—	163	**226**	224	204	169	163	158	68
10	Ottenheim .	+1,2	180	191	**193**	192	188	**193**	169	24
11	Altenheim .	+1,8	**201**	194	195	180	172	155	**211**	46
12	Kehl. . . .	—1,4	169	**174**	172	159	148	156	148	26
13	Diersheim .	—1,4	**169**	142	140	133	147	147	168	36
14	Grauelsbaum	—1,2	180	194	**195**	173	147	152	157	43
15	Söllingen . .	+1,4	176	150	150	174	**190**	**190**	180	26
16	Plittersdorf .	—	239	235	230	227	222	213	**252**	26
17	Steinmauern	+1,2	**252**	246	243	232	226	229	251	26
18	Neuburg-weier . .	+2,6	**261**	251	253	250	255	250	244	17
19	Maxau . . .	+0,4	257	241	232	261	263	259	**275**	25
20	Leopolds-hafen . .	+0,2	**258**	238	240	249	244	240	250	20
21	Dettenheim .	—	251	223	224	248	235	230	240	28
22	Philippsburg	—1,0	260	233	233	**262**	251	246	248	27
23	Altlußheim .	—1,8	244	201	202	239	224	230	**250**	43
24	Ketsch . . .	—3,0	261	218	218	261	249	249	**268**	43
25	Mannheim .	—2,4	**262**	203	201	250	235	229	250	61
26	Sandhofen .	—2,2	**268**	206	212	259	243	235	252	62

Um die Mängel der bisher besprochenen Methoden an einem Beispiel
zu zeigen, sind zwei fünfjährige Gruppen von Pegelablesungen von 1884
bis 1889 und von 1917—1921, also vor und nach der Regulierung,
herausgegriffen und für jede derselben 5 niedere, möglichst nahe bei
+0,25 m am Basler Pegel (Niederwasser vom 15. Februar 1882) liegende
Beharrungsstände, während deren auch die Zuflüsse nieder blieben,
auf das vorgenannte Niederwasser als Ausgangswasserstand reduziert
worden. Weiter wurden, um die durch die Änderung der Höhenlage
des Stromes bedingten Fehler auszuschalten, die durch die spätere

Untersuchung festgestellten Höher- und Tieferbettungen während der beiden fünfjährigen Perioden in Abzug gebracht, bzw. zugeschlagen. Damit ergeben sich die Tabellen III und IV.

In beiden Tabellen sind die höchsten Pegelzahlen in den horizontalen Reihen fett gedruckt, die größten Differenzen in der letzten Spalte zwischen den Schwellen und den nachfolgenden Kolken genommen.

Tabelle IV. Gruppe II (Nach der Regulierung Sondernheim-Straßburg).

O. Z.	Pegel	Jährliche Höher(+)- und Tiefer(—)- bettung	11/III 1917 $h=0,65$ $a=+0,02$	6/I 1918 $h=0,65$ $a=-0,22$	26/XI 1918 $h=0,65$ $a=-0,15$	4/XI 1919 $h=0,65$ $a=-0.06$	29/XI 1920 $h=0,69$ $a=-0,55$	16/III 1921 $h=0,69$ $a=-0,54$	26/XII 1921 $h=0,69$ $a=-0,54$	Größte Differenzen
		cm	cm	cm	cm	cm	cm	cm	cm	cm
					Reduzierte Pegelstände					
1	Basel . . .	—	+25	+25	+25	+25	+25	+25	+25	—
2	Schusterinsel	—2,8	30	**53**	46	41	42	41	45	12
3	Rheinweiler .	—3,6	—120	—115	—112	—134	—134	—140	**—106**	28
4	Neuenburg .	—6,4	—107	—97	—91	—80	—63	—73	**—61**	—
5	Hartheim. .	—12,2	13	36	36	49	**62**	40	38	24
6	Breisach . .	—1,8	63	112	**113**	108	102	82	71	42
7	Sasbach . .	—1,0	**119**	113	107	92	110	90	99	29
8	Weisweil . .	+2,8	129	222	216	193	**254**	238	229	29
9	Kappel. . .	—0,6	214	**256**	247	218	230	210	228	46
10	Ottenheim .	+0,6	161	184	**214**	166	167	164	171	50
11	Altenheim .	+1,4	163	**202**	182	166	138	130	130	72
12	Kehl. . . .	—1,2	140	**155**	128	133	143	138	137	27
13	Diersheim. .	—3,0	**112**	111	103	98	96	86	108	26
14	Grauelsbaum	+0,4	164	**167**	162	153	164	148	152	19
15	Söllingen . .	—2,0	196	**207**	197	188	197	187	195	20
16	Plittersdorf .	—3,4	257	**272**	258	246	257	249	260	26
17	Steinmauern	—0,4	257	**268**	261	252	·262	254	262	16
18	Neuburger- weier . .	+0,2	288	**290**	275	266	270	265	278	25
19	Maxau . . .	+0,8	280	**285**	274	278	276	269	268	17
20	Leopolds- hafen . .	—0,8	261	**273**	258	253	263	253	259	20
21	Dettenheim .	—	235	**240**	230	220	234	223	229	20
22	Philippsburg	+0,6	219	**227**	215	208	218	203	205	24
23	Altlußheim .	—	194	**202**	187	181	196	188	185	17
24	Rheinau . .	—0,4	177	**183**	168	152	161	151	150	33
25	Mannheim .	—2,6	178	177	164	160	**173**	162	160	18
26	Sandhofen .	—1,2	**173**	171	140	150	**156**	147	146	33

Die horizontalen Reihen bestätigen die Abnahme der Pegelzahlen nach dem Vorbeigang einer Schwelle am Pegel (vgl. Abb. 7) und lassen die bei der Bildung von Mitteln, bei der Berechnung der Unterschreitungsdauern und bei Messungen der Abflußmengen entstehenden Fehlerquellen erkennen. Die vertikalen Reihen zeigen im nicht regulierten Strom für jeden einzelnen Wasserstand die regellose Aufeinanderfolge von Schwellen und Kolken, die als Fehlerquelle bei der Verwertung von Beharrungsständen zur Konstruktion von Längsschnitten des Stromspiegels auftreten und die Ausgleichung durch Mittelbildungen als unzulässig erscheinen lassen. Endlich ist die Wandlung ersichtlich, welche die Regulierung zwischen Sondernheim und Kehl an den Wasserstandsbeobachtungen hervorgerufen hat.

Die Beharrungslinie und die mittlere Spitzenlinie.

Als Haupthindernis, welches einer einwandfreien Feststellung der Höher- und Tieferbettungen im nicht regulierten Oberrhein nach den bisher besprochenen Methoden entgegensteht, ist die wechselnde Stellung der Pegel gegen die vorüberziehenden Schwellen und Kolke anzusehen. Soll das Ziel auf einem anderen Wege erreicht werden, so muß also vor allem diese Fehlerquelle ausgemerzt werden. Dazu führt die folgende Überlegung.

Werden für einen Pegel während einer längeren Reihe von Jahren aufeinanderfolgende niedere Beharrungsstände, nachdem sie auf den-

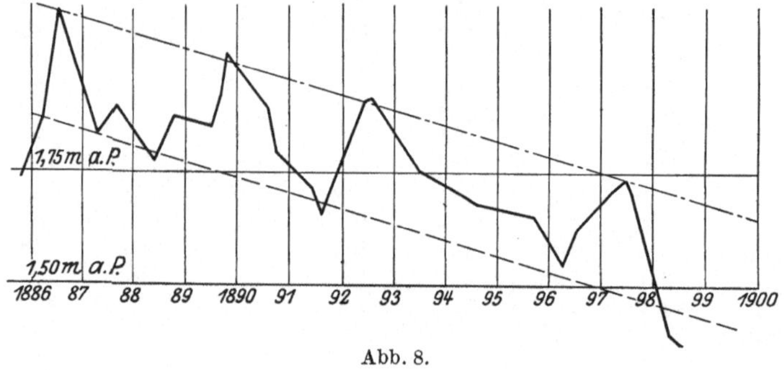

Abb. 8.

selben Ausgangswasserstand reduziert worden sind, als Ordinaten (Pegelhöhen) über den Zeiten als Abszissen aufgetragen, so erhält man durch die Verbindung der Enden der Ordinaten eine gebrochene Linie — die Beharrungslinie — mit nach oben und unten gerichteten Spitzen, von denen die ersteren den Schwellen, die letzteren den Kolken entsprechen (Abb. 8).

Sind die Beharrungsstände in genügend großer Zahl gewählt, so geben sie ein getreues Abbild der Schwankungen der Pegelablesungen infolge der wechselnden Stellung des Pegels unter der Voraussetzung, daß die Wasserführung während der ganzen Zeit die gleiche geblieben wäre.

Wären die sämtlichen Schwellen, die in der Zeit am Pegel vorüberzogen, gleich hoch gewesen, in welchem Fall ihre Höhe der mittleren Schwellenhöhe entspräche, so müßten alle Spitzen in einer horizontalen Geraden, der mittleren Spitzenlinie, liegen; ebenso darf angenommen werden, daß, wenn eine größere Zahl von Spitzen — jedenfalls mehr als zwei — in einer horizontalen Geraden liegen, diese der mittleren Höhenlage der Schwellen, darüber ragende oder darunter bleibende Spitzen dagegen ungleich hohen, über oder unter der mittleren Höhe liegenden Schwellen entsprechen. Wenn also, wie allgemein üblich, die Verbindungslinie der Wasserhöhen über den Schwellen als das Längenprofil des Stromspiegels angenommen wird, so gibt die dieser horizontalen Geraden zu einem bestimmten Zeitpunkt entsprechende Pegelhöhe die Ordinate des Stromspiegels für diesen Pegel.

Liegt die größere Zahl der Spitzen nicht in einer horizontalen, sondern in einer geneigten Geraden, so entspricht diese Gerade zwar ebenfalls der mittleren Schwellenhöhe, ihre Neigung gegen die Horizontale dagegen der Höher- und Tieferbettung, die während des Vorbeiziehens der Schwellen und Kolke am Pegel eingetreten ist. Die einem bestimmten Zeitpunkt entsprechende Ordinate dieser Geraden gibt die für denselben Zeitpunkt gültige Ordinate des Längenprofils des Stromspiegels, die Differenz zwischen den Ordinaten der Geraden am Anfang und am Ende des Zeitraumes das absolute Maß der Höher- oder Tieferbettung innerhalb desselben.

Eine derartige Bestimmung der mittleren Schwellenhöhe sowie der Höher- und Tieferbettungen mit mittleren Spitzenlinien darf den Anspruch auf Zuverlässigkeit und Genauigkeit der Resultate namentlich auch deshalb erheben, weil sie nur von den Wasserstandsbeobachtungen über den Schwellen ausgeht, also die in den Anfällen gegen das Ufer und in der Querneigung des Stromspiegels steckenden Fehlerquellen vermeidet. Andererseits liegt eine gewisse Kontrolle für die richtige Wahl der Geraden doch auch darin, daß dieselben Regeln, abgesehen von den Fehlerquellen, auch für die Kolke gelten, deren Spitzen also ebenfalls in Geraden liegen müssen, die zu den durch die oberen Spitzen gezogenen parallel sind. Voraussetzung für die erfolgreiche Anwendung ist nur eine ausreichend große Zahl von Beharrungsständen, so daß die sämtlichen nach oben gerichteten Spitzen erfaßt werden.

Am nicht regulierten Oberrhein fallen die niederen Beharrungsstände in die Monate September bis einschließlich März, während die Monate April bis mit August durch die reiche Wasserführung der Zuflüsse und die alpine Schneeschmelze beherrscht sind. In den letztgenannten fünf Monaten stehen also niedere Beharrungsstände nicht zur Verfügung, was jedoch insofern nicht von Bedeutung ist, als der Vorbeigang eines Abfalles an dem Pegel während einer Sommeranschwellung mindestens einige Monate dauert, die nach Ablauf der Sommeranschwellung am Pegel abgelesene Höhe sich also nicht wesentlich von derjenigen über der Schwelle unterscheiden kann.

Die Abbildungen 9a bis 9f (am Schluß des Buches) geben die Beharrungslinien für sämtliche badische Pegel während der 40 Jahre von

1882—1921 wieder. Ihnen liegen alle um weniger als 0,70 m von dem Ausgangswasserstand (+0,25 m Basel) abweichenden, durch Anschwellungen der Zuflüsse nicht gestörten Beharrungswasserstände zugrunde, nachdem sie auf diesen Ausgangswasserstand reduziert worden sind. Es sind im ganzen 68 Beharrungswasserstände, die sich zeitlich wie folgt verteilen:

Tabelle V.

*15. II. 1882	*10. I. 1890	*25. II. 1901	13. XII. 1912
15. III. 1883	* 6. III. 1890	* 8. XII. 1901	3. XI. 1913
11. XII. 1883	*29. XII. 1890	*15. XI. 1902	11. XI. 1914
24. II. 1884	*17. II. 1891	*13. I. 1904	5. XI. 1915
30. III. 1884	11. XII. 1891	*24. I. 1905	14. II. 1916
*28. XI. 1884	*31. XII. 1892	*20. I. 1906	6. II. 1917
*28. I. 1885	*30. I. 1894	* 2. XI. 1906	11. III. 1917
* 1. II. 1885	*14. I. 1895	*12. II. 1907	* 6. I. 1918
25. IX. 1885	* 8. III. 1895	*26. XI. 1907	*26. XI. 1918
25. I. 1886	* 4. X. 1895	*26. I. 1908	*11. XII. 1918
*27. II. 1886	*28. II. 1896	*19. XI. 1908	* 4. XI. 1919
12. X. 1886	*30. I. 1897	*26. II. 1909	5. III. 1920
*24. II. 1887	* 8. XII. 1897	* 9. III. 1909	*29. XI. 1920
*30. XI. 1887	*10. X. 1898	* 1. XII. 1909	*21. XII. 1920
* 8. III. 1888	*31. III. 1899	*31. X. 1910	*16. III. 1921
*29. I. 1889	* 4. XII. 1899	*17. II. 1911	*30. X. 1921
* 8. III. 1889	*30. XI. 1900	*11. XII. 1911	*26. XII. 1921

Diejenigen Beharrungswasserstände, für welche der Unterschied gegen +0,25 m Basel nicht mehr als 0,40 betrug, sind durch * gekennzeichnet; sie bilden weitaus die Mehrzahl. Die reduzierten Pegelzahlen sind als Ordinaten über den Jahren als Längen fortlaufend aufgetragen.

Kritische Betrachtung der Beharrungslinien für die badischen Pegel.

Für diesen Zweck sind vier Strecken zu unterscheiden: die nicht regulierten Strecken von Schusterinsel bis Kehl und von Dettenheim (Sondernheim) bis Sandhofen, ferner die Strecke Kehl—Dettenheim (Sondernheim) vor und nach der Regulierung.

In der erstgenannten Strecke zeigt sich das für die Kiesbankbewegung charakteristische Bild der Beharrungslinie im ganzen erst von Hartheim abwärts; vorübergehend ist es bei Rheinweiler und Bellingen zu erkennen.

Bei Schusterinsel nehmen die Stelle der oberen Spitzen flache Rücken, diejenige der unteren flache Mulden ein. Der Höhenunterschied zwischen beiden mit etwa 0,20 m ist wesentlich geringer als in der übrigen Strecke bis Kehl; von einer Kiesbankbewegung kann also nicht die Rede sein und die Verbindungslinie der höchsten Rücken unbedenklich als der mittleren Höhe des Stromspiegels entsprechend angenommen werden. Sie läßt eine ziemlich kräftige, nach und nach etwas zunehmende Tieferbettung von insgesamt —1,07 m erkennen, die sich wie folgt verteilt:

> von 1882—1895 —0,34 m oder 2,43 cm im Jahr,
> „   1896—1908 —0,34 „   „ 2,62 „   „   „
> „   1909—1921 —0,39 „   „ 3,25 „   „   „

Die Geschiebezufuhr aus der Schweiz ist nur gering. Von Basel abwärts werden durch die Erosion zweifellos auch heute noch nennenswerte Geschiebemengen freigemacht, die allerdings mit den bei Rheinweiler und Neuenburg abtreibenden nicht zu vergleichen sind. Dem Vorschreiten dieser Tieferbettung ist aber durch die den Strom 7 km stromabwärts des Pegels durchquerende, seit 1917 freigelegte Isteiner Felsbarre in nicht zu ferner Zeit eine Grenze gezogen.

Bei Rheinweiler ist eine Kiesbankbewegung von 1882—1896 und von 1908—1921 — gespeist durch die Erosion ober- und unterhalb der Isteiner Felsbarre — zu erkennen; in der Zwischenzeit dagegen erscheint sie durch die rapide Tieferbettung verdrängt. Ob die eingezeichnete Verbindungslinie der Spitzen der mittleren Höhenlage des Stromspiegels entspricht, kann bis 1890 zweifelhaft sein, da hier die Kontrolle durch die parallele Kolklinie fehlt. Gewißheit ließe sich durch Verlängerung der Beharrungslinie nach rückwärts — vor 1882 — erhalten; für die hier in Betracht kommende Beurteilung der Wirkung der Korrektion ist dies aber ohne Bedeutung. Von 1891—1921 dürften die eingezeichneten Spitzenlinien wohl nicht zu beanstanden sein. Es sind somit 3 Phasen — von 1882—1896 und von 1908—1921 je eine solche schwächerer, von 1897—1907 eine solche rapider — Tieferbettung zu unterscheiden; deren Maße sind

> von 1882—1896 unbestimmt, wahrscheinlich —0,46 m oder 3,07 cm im Jahr,
> „   1897—1907   —1,45 „   „ 13,18 „   „   „
> „   1908—1921   —0,51 „   „ 3,64 „   „   „
> zusammen wahrscheinlich —2,42 m

Mit dem Aufhören der Tieferbettung darf im Hinblick auf ihr immer noch beträchtliches Maß in der letzten Phase vorerst nicht gerechnet werden.

Bei Neuenburg ist die Kiesbankbewegung — gespeist durch die Erosion in der ganzen Strecke ober- und unterhalb der Isteiner Felsbarre — in der Beharrungslinie bis 1896 klar ausgesprochen; später erscheint sie durch die rapide Tieferbettung verdrängt. Ob die eingetragenen mittleren Spitzenlinien vor und nach 1896 der mittleren Höhenlage des Strombettes entsprechen, darf bezweifelt werden, da in dem größten Teil der Beharrungslinie der Einfluß der rapiden Tieferbettung vorherrscht und jede Kontrolle durch parallele Kolklinien fehlt. Dies gilt insbesondere für die Jahre 1882—1885, wo eine Rückverlängerung der Beharrungslinie unerläßlich erscheint, wenn das gesamte Maß der

Tieferbettung richtig erkannt werden soll. Von Bedeutung ist dieser Umstand aber auch hier nicht. Es sind 2 Phasen der Tieferbettung zu unterscheiden: von 1882—1896 und von 1897—1921. Ihre Maße sind:

von 1882—1896 unbestimmt, wahrscheinlich —0,86 m oder 5,73 cm im Jahr,
„ 1897—1921   —2,42 „ „ 9,68 „ „ „
                     zusammen wahrscheinlich —3,28 m

Die Fortdauer der Tieferbettung ist hier mit Bestimmtheit anzunehmen.

Bei Hartheim bietet die Ermittelung der mittleren Spitzenlinie von 1882—1914 keine besonderen Schwierigkeiten. Von 1915 ab erscheint aber die Kiesbankbewegung durch die rapide Tieferbettung verdrängt und wird der Verlauf der mittleren Spitzenlinie erst nach einer Verlängerung der Beharrungslinie über 1921 hinaus abschließend beurteilt werden können. In der gesamten Tieferbettung sind 4 Phasen zu unterscheiden, deren Maße sind

von 1882—1901   —0,23 m od. 1,15 cm im Jahr
„ 1902—1907   —0,47 m „ 7,83 „ „ „
„ 1908—1914   —0,10 „ „ 1,43 „ „ „
„ 1915—1921 noch nicht bestimmt, wahrscheinlich —0,91 „ „ 13,00 „ „ „
                     zusammen wahrscheinlich —1,71 m

Auffallend ist die starke Zunahme der Tieferbettung von 1902 ab, aus welcher der unterhalb belegenen Stromstrecke fraglos bedeutende Geschiebemassen zugegangen sein müssen und heute noch zugehen. Ihre Ursache in einer Tieferbettung vom Unterstrom her zu suchen, geht im Hinblick auf den Verlauf der Spitzenlinie für Breisach nicht an; sie dürfte vielmehr mit dem Nachlassen der Tieferbettung bei Rheinweiler während des letzten Jahrzehnts zusammenhängen und als ein Vorschreiten der Erosion von Neuenburg her gegen Unterstrom anzusprechen sein. Im Hinblick auf das beträchtliche Maß in der letzten Phase muß mit einer weiteren Fortdauer der Tieferbettung gerechnet werden.

Bei Breisach kann bezüglich der mittleren Spitzenlinie kein Zweifel bestehen. Bis 1896 behielt der Strom seine Höhenlage unverändert bei, von da ab fand eine Tieferbettung statt, deren Maß —0,50 m oder 2,00 cm im Jahr beträgt und mit deren Fortdauer gerechnet werden darf.

Bei Sasbach ist die Ermittelung der mittleren Spitzenlinie insofern nicht ganz sicher, als keine genügende Zahl von oberen Spitzen vorhanden ist, die in einer Geraden liegen. Da aber 7 Kolke vorliegen, die dieser Bedingung genügen, so wurde die mittlere Spitzenlinie parallel zur Kolklinie durch 4 einer Geraden am nächsten liegende Spitzen gezogen, was auch dem Verlauf der ganzen Beharrungslinie gut entspricht. Von 1882—1921 ist eine ununterbrochene gleichmäßige Tieferbettung anzunehmen, deren Maß 0,52 m oder 1,30 cm im Jahr beträgt. Mit ihrer Fortdauer muß gerechnet werden.

An diesem Pegel hat die Erosionsstrecke zur Zeit ihr Ende.

Ein ziemlich krauses Bild bietet die Beharrungslinie für Weisweil. Wohl ist von 1882—1906 eine ausreichende Zahl von Spitzen vorhanden, die in Geraden liegen, so daß die mittleren Spitzenlinien hiernach mit einiger Sicherheit gezogen werden können; dagegen fehlen die die Kontrolle gebenden Kolklinien vollständig. Von 1907—1921 stehen für die mittlere Spitzenlinie nur drei, für die Parallele durch die Kolke nur zwei Punkte zur Verfügung; es ist also wohl möglich, daß sich bei einer Ausdehnung der Beharrungslinie über 1921 hinaus das Bild ändert. Die mittlere Spitzenlinie zeigt 3 Phasen mit folgenden Maßen:

von 1882—1890 Höherbettung $+0,21$ m od. 2,33 cm im Jahr,
„ 1891—1907 Tieferbettung $-0,25$ „ „ 1,47 „ „ „
„ 1908—1921 Höherbettung, noch nicht sicher,
wahrscheinlich $+0,42$ „ „ 3,00 „ „. „

Wie die Höhenlage des Strombettes sich weiter ändern wird, ist nicht vorauszusehen.

Die Beharrungslinie für Kappel weist von 1887—1892 eine Lücke auf, die darin ihren Grund hat, daß 1888 etwa 2,4 km oberhalb des Pegels im rechten Ufer die Einströmungsöffnung des Altrheins zur Förderung der Verlandung desselben auf 80 m erweitert wurde, wodurch der Talweg sich vorübergehend in den Altrhein verlegte und erst etwa 200 m oberhalb des Pegels wieder in den Rhein zurückkehrte. Durch den Entzug der mächtigen jetzt im Altrhein abgelagerten Geschiebemassen ist die Entwicklung und Bewegung der Kiesbänke im Strom für mehrere Jahre gestört worden. Die mittlere Spitzenlinie könnte also nur durch Verlängerung der Beharrungslinie rückwärts über 1882 hinaus erhalten werden; für den vorliegenden Zweck ist dies aber ohne Bedeutung und ist deshalb die der Höhe zu Anfang 1893 ($+1,94$ m a. P.) entsprechende Horizontale auch bis 1882 als Spitzenlinie beibehalten worden. Von 1893—1908 bietet die Ermittlung der mittleren Spitzenlinie keine Schwierigkeit. Von 1909—1921 dagegen besteht trotz der ausreichenden Zahl der zur Verfügung stehenden Spitzen gegen die eingetragene Spitzenlinie insofern ein Bedenken, als der Abstand zwischen der Spitzen- und Kolklinie erheblich kleiner ist als von 1893—1908, wofür ein Anlaß nicht ersichtlich ist. Es ist zu vermuten, daß sich bei einer Verlängerung der Beharrungslinie über 1921 hieraus noch weitere höher gelegene Spitzen ergeben, so daß die mittlere Spitzenlinie etwa den mit einer punktierten Linie angedeuteten Verlauf nehmen würde und die Kolklinie ungefähr den gleichen Abstand von ihr behielte wie 1893—1908. Wird diese letztere mittlere Spitzenlinie zugrunde gelegt, so ergeben sich 2 Phasen der Höherbettung:

1893—1908 $+0,43$ m oder 2,70 cm im Jahr,
1909—1921 nicht sicher, wahrscheinlich $+0,17$ „ „ 1,31 „ „ „

Über den weiteren Verlauf der Änderungen der Höhenlage läßt sich zur Zeit nichts voraussagen.

Ein einfacheres Bild bietet die Beharrungslinie für Ottenheim. Auch die Ermittelung der mittleren Spitzenlinie gestaltet sich hier einfach. Es sind 2 Phasen der Höherbettung zu unterscheiden:

1882—1889   +0,10 m oder 1,25 cm im Jahr,
1890—1921   +0,19 „   „   0,86 „   „   „

Ob die Höherbettung noch weiter vorschreiten wird, läßt sich zur Zeit nicht sagen.

Mit Ottenheim schließt die Zone der Höherbettungen, die bei Weisweil ihren Anfang hat, ab.

Bei Altenheim kann es zweifelhaft sein, ob die mittlere Spitzenlinie mit der strichpunktierten oder mit der oberen gestrichelten Linie zusammenfällt. Bei der Wahl der ersteren fallen in die mittleren Spitzenlinien 4 und 3 Spitzen, bei der letzteren 3 und 6 Spitzen. Endgültig läßt sich diese Frage nur dadurch entscheiden, daß die Beharrungslinie noch über 1921 hinaus und von 1882 zurück verlängert wird. Das Bild wird dadurch insofern geändert, als im ersteren Fall die Höherbettung bis 1896, im letzteren dagegen nur bis 1890 dauert. Darüber, daß der jährliche Betrag der in beiden Fällen anzunehmenden Tieferbettung gleich ist, läßt die Beharrungslinie keinen Zweifel. Das Maß der Tieferbettung ist anzunehmen im ersteren Fall (Beginn 1897) zu —0,40 m, im letzteren (Beginn 1891) zu — 0,50 m, der jährliche Betrag zu 1,60 cm.

Wesentlich gleichmäßiger als oberhalb Kehl ist das Bild der Beharrungslinien in der Strecke zwischen Sondernheim und Sandhofen. Die für die Schwellen und Kolke charakteristischen Spitzenausschläge sind auch hier vorhanden, von 1886 ab aber bereits wesentlich kleiner, und weisen darauf hin, daß die Abfälle niederer, der Talweg also gestreckter geworden ist. Die Höher- und Tieferbettungen gehen langsamer vor sich und erfolgen mehr im gleichen Sinne. Die mittleren Spitzenlinien ergeben sich durchweg ohne besondere Schwierigkeiten.

Im einzelnen ist zu den Beharrungslinien zu bemerken:

Am Pegel bei Dettenheim (Sondernheim) hat bis 1908 vollständiges Gleichgewicht bestanden. Unter dem Einfluß der Regulierung ist sodann bis 1912 eine Höherbettung von + 0,09 m eingetreten, die sich bis heute unverändert erhalten hat.

Der Pegel bei Philippsburg zeigt eine Tieferbettung bis 1900, von da ab eine Höherbettung. Das Maß der ersteren beträgt —0,18 m oder 0,95 cm im Jahr, dasjenige der letzteren +0,11 m oder 0,44 cm im Jahr.

Bei Altlußheim folgt auf eine Tieferbettung, die bis 1904 anhält und das Maß von —0,37 m oder 1,61 cm im Jahr erreicht hat, ein vollständiger Gleichgewichtszustand, der bis 1921 anhält und auch noch weiter zu dauern scheint.

Bei Ketsch-Rheinau hat sich der Strom ebenfalls bis 1904 tiefer gebettet — um —0,61 m oder um 2,65 cm im Jahr —, worauf ein nahezu vollständiger Gleichgewichtszustand — Tieferbettung um nur —0,09 m oder 0,53 cm im Jahr — folgte, der voraussichtlich zunächst noch anhalten dürfte.

Der Pegel bei Mannheim zeigt drei Phasen der Änderung der Höhenlage des Strombettes: Von 1882—1896 eine Tieferbettung um —0,32 m oder 2,13 cm im Jahr; von 1897—1909 eine ebensolche von nur —0,07 m oder 0,53 cm im Jahr, also einen fast vollständigen Gleichgewichtszustand; endlich von 1910—1921 wieder eine stärkere Tieferbettung von —0,33 m oder 2,75 cm im Jahr.

Der Pegel bei Sandhofen weist nur zwei Phasen auf: eine stärkere Tieferbettung von 1882—1905 mit —0,57 m oder 2,37 cm im Jahr, und eine schwächere von 1906—1921 mit —0,16 m oder 1,00 cm im Jahr.

An den beiden Pegeln Mannheim und Sandhofen beträgt die gesamte Tieferbettung je —0,73 m. Inwieweit als Ursache ihrer verschiedenen zeitlichen Verteilung die Ausbildung der Durchstiche in der hessischen Niederung am oberen Busch und am Geyer, die an der Felsbarre bei Nackenheim hin und wieder vorgenommenen Abräumungen, die ungleichförmige Ausbildung des Friesenheimer Durchstichs oder endlich die Einstellung der früheren massenhaften Kiesentnahmen aus dem Strombett bei und abwärts Mannheim gegen Ende der 1890er Jahre beteiligt sind, ist noch nicht untersucht. Die für die Unterhaltung des Mannheimer Hafens wichtige Frage, ob die Tieferbettung noch weiter vorschreiten und welches Maß sie schließlich erreichen wird, ist, wenngleich ihr Tempo bei Sandhofen bereits langsamer geworden zu sein scheint, zur Zeit nicht zu beantworten.

Die Strecke Kehl—Dettenheim ist vor der Regulierung von Unterstrom bis Söllingen durch einen vollständigen oder doch nahezu vollständigen Gleichgewichtszustand ausgezeichnet; der Pegel bei Söllingen zeigt eine schwache Höherbettung, die Pegel bei Grauelsbaum, Diersheim und Kehl eine mäßige Tieferbettung. Im ganzen genommen ist das Bild der Beharrungslinien noch etwas ruhiger als unterhalb Sondernheim. Die Spitzenausschläge sind erheblich kleiner als oberhalb Kehl, und die geringeren Höhenunterschiede zwischen ihnen lassen auf einen ausgeglicheneren Stromspiegel, also auf einen gestreckteren Talweg, schließen. Im einzelnen ist zu den Beharrungslinien zu bemerken:

Am Pegel bei Kehl bietet der Eintrag der mittleren Spitzenlinie keine besondere Schwierigkeit. Die Tieferbettung verläuft bis zum

Jahr 1913, in welchem die Regulierung zu wirken beginnt, gleichmäßig und beträgt —0,39 m oder 1,25 cm im Jahr.

Bei Diersheim war die mittlere Spitzenlinie nur unter Zuhilfenahme der Parallelen durch die Kolkspitzen zu erhalten, und es kann sich fragen, ob sie nicht etwa 3—4 cm höher anzunehmen wäre. Für die vorliegende Untersuchung ist dies aber ohne Bedeutung. Bis zum Jahr 1909, in welchem die Regulierung sich bemerkbar macht, verläuft die Tieferbettung gleichmäßig und beträgt —0,37 m oder 1,32 cm im Jahr.

Bei Grauelsbaum waren für die mittlere Spitzenlinie genügende Anhaltspunkte gegeben; die ungewöhnliche Spitze von 1907—1910 dürfte auf einen gewalttätigen Eingriff beim Beginn der Regulierung zurückzuführen sein. Die Tieferbettung verläuft bis 1910 gleichmäßig und beträgt —0,33 m oder 1,14 cm im Jahr.

Die Beharrungslinie für Söllingen zeigt geringere Spitzenausschläge als diejenige der anderen Pegel, was von dem Standort des Pegels in einer scharfen Konkaven herrühren dürfte. Die mittlere Spitzenlinie läßt bis 1895 eine mäßige Höherbettung von +0,18 m oder 1,29 cm im Jahr erkennen, auf die bis 1912 eine schwächere mit +0,11 m oder 0,65 cm im Jahr folgt.

Bei Plittersdorf ergab sich die mittlere Spitzenlinie ohne Schwierigkeiten. Bis 1904 herrscht vollständiger Gleichgewichtszustand. Von 1905 beginnt eine Höherbettung, die bis zum Jahr 1915 fortdauert. Der Zeitpunkt, in welchem die Regulierung zu wirken begann, ist aus der Beharrungslinie nicht klar zu erkennen. Wird schätzungsweise Ende 1911 angenommen, so ergibt sich von 1905—1911 eine Höherbettung von +0,13 m oder 1,86 cm im Jahr.

Die Beharrungslinie für Steinmauern zeigt zunächst bis 1892 eine schwache Höherbettung im Maß von +0,13 m oder 1,18 cm im Jahr, die bis 1906 um —0,04 m oder 0,27 cm im Jahr zurückgeht. Von da ab ist anscheinend eine ziemlich kräftige Höherbettung eingetreten; der Zeitpunkt, in dem die Regulierung zu wirken begann, ist nicht klar zu erkennen.

Bei Neuburgweier zeigt die Beharrungslinie bis 1894 eine ziemlich kräftige Höherbettung von +0,30 m oder 2,30 cm im Jahr, sodann einen vollständigen Gleichgewichtszustand bis 1905. Von 1906 ab bis 1912 folgt eine schwache Höherbettung. Die erste Wirkung der Regulierungswerke dürfte in dem starken Spitzenausschlag 1909/10 zu sehen sein.

Die Beharrungslinie für Maxau läßt eine schwache Höherbettung von +0,10 m oder 0,38 cm im Jahr erkennen, die 1906 in eine etwas stärkere übergeht. Auf die Wirkung der ersten Regulierungswerke ist wohl der ziemlich starke Spitzenausschlag von 1908/09 zurückzuführen.

Bei Leopoldshafen bestand bis zum Beginn der Regulierungsarbeiten nahezu vollständiger Gleichgewichtszustand; die in dieser Zeit eingetretene Höherbettung maß nur $+0,07$ m oder 0,23 cm im Jahr.

Nach der Regulierung und als deren Folge zeigen die Beharrungslinien an fast allen Pegeln der Strecke Kehl—Dettenheim eine wesentlich andere Form. Die Spitzenausschläge nehmen, vereinzelte Fälle ausgenommen, im allgemeinen stark ab, und der Abstand der Spitzen- und Kolklinien wird kleiner. Im ganzen Verlauf ist ein starker Ausgleich der Schwellen und Kolke, d. h. der Erfolg der Regulierung, zu erkennen. Die vereinzelten stärkeren, nach oben und unten gerichteten Spitzen lassen auf Schwankungen in der Höhenlage der Schwellen und damit in der Ausbildung des Niederwasserbettes schließen. Die eingezeichnete Lage der mittleren Spitzenlinien wird nach einer weiteren Reihe von Jahren wohl noch Änderungen erfahren; sie läßt aber jetzt schon die mehr oder weniger beträchtlichen Störungen erkennen, welche der frühere Gleichgewichtszustand durch die Regulierung erfahren hat. Im einzelnen ist zu der Beharrungslinie zu bemerken:

Bei Kehl scheint die bisherige Tieferbettung unverändert, d. h. mit 1,25 cm im Jahre weiter zu dauern. Ende 1921 hat sie im ganzen $-0,50$ m erreicht.

Bei Diersheim hat die Tieferbettung von 1910 ab erheblich zugenommen; bis Ende 1921 um $-0,36$ cm oder 3,00 cm im Jahr.

Bei Grauelsbaum hat infolge der Regulierung die bisherige Tieferbettung in eine Höherbettung umgeschlagen, deren Maß von 1911 bis 1921 $+0,05$ m oder 0,45 cm im Jahre beträgt.

Bei Söllingen ist an Stelle der bisherigen schwachen Höherbettung eine ziemlich kräftige Tieferbettung getreten, die bis Ende 1921 $-0,20$ m oder 2,22 cm im Jahre erreichte.

Wird bei Plittersdorf die Jahreswende 1911/12 als der Zeitpunkt festgehalten, von dem ab die Regulierung zu wirken begann, so ist als deren Wirkung zunächst noch ein Fortgang der früheren Höherbettung bis 1915 um $+0,07$ m oder 1,86 cm im Jahre, sondern bis Ende 1921 eine Tieferbettung um $-0,21$ oder 3,5 cm im Jahre zu erkennen.

Bei Steinmauern dauert die 1906 eingetretene Höherbettung nach dem Beginn der Regulierungsarbeiten noch bis 1915 und erreicht das Maß von $+0,17$ m oder 1,89 cm im Jahr. Von da ab tritt eine schwache Tieferbettung im Betrag von $-0,03$ m oder 0,50 cm im Jahre ein.

Bei Neuburgweier ist auf die schwache Höherbettung von 1906 bis 1912 mit $+0,09$ m oder 1,29 cm im Jahr ein nahezu vollständiger Gleichgewichtszustand eingetreten.

Bei Maxau nimmt die Höherbettung während und nach der Regulierung etwas zu. Ihr Maß beträgt bis Ende 1921 $+0,10$ m oder 0,66 cm im Jahr.

Bei Leopoldshafen hat die Regulierung zunächst von 1912—1915 eine Höherbettung von $+0,13$ m oder von 3,25 cm im Jahr ausgelöst, auf die einen schwache Tieferbettung folgt, die bis Ende 1921 $-0,05$ m oder 0,83 cm im Jahr beträgt.

Die Wirkung der Korrektion auf die Höhenlage des Stromes.

In seiner Denkschrift von 1825 erwähnt Tulla, der Schöpfer der Rheinkorrektion, als einen besonderen Vorteil seines Entwurfes, S. 12:

„Wird der Rhein rektifiziert, so wird das Flußbett sich so vertiefen und der Wasserspiegel sich so senken, daß von Hüningen bis Schröck (jetzt Leopoldshafen) die Rheindämme ganz entbehrlich werden. Es wird der künftige höchste Wasserstand des Rheins, längs der französischen Grenze, von Großkembs bis Lauterburg, an keiner Stelle bedeutend über den jetzigen niedersten Wasserstand steigen; in der Gegend von Kehl aber vielleicht 8—10 Fuß (2,4—3,0 m) unter demselben bleiben." Und weiter S. 13: „Andere nachteilige Stromkrümmen, wie solche längs der badischen und bayerischen Grenze bestehen, befinden sich im Stromlauf durch das Großherzogtum Hessen bei Lampertheim (Oberer Busch) und zwischen Rheindürkheim und Oppenheim (am Geyer)" . . . „Wird der Rhein im Großherzogtum Hessen ebenfalls rektifiziert, so werden aller Wahrscheinlichkeit nach die Rheindämme von Speyer aufwärts entbehrlich werden."

Wie Tulla zu diesem Ergebnis gekommen ist, ist nicht überliefert. Gewiß hat aber dabei die Kürzung des gesamten Laufes, die er selbst zwischen Hüningen und der badisch-hessischen Grenze zu 23 Stunden oder etwa 102 km angibt, eine wichtige Rolle gespielt. Der Tullasche Entwurf ist aber nicht vollständig ausgeführt worden, indem u. a. einige große Durchstiche unterblieben, deren Wegfall das von Tulla erwartete Ergebnis etwas abschwächen mußte. Immerhin beträgt aber die Laufkürzung zwischen Basel und der französisch-bayerischen Grenze noch 31,71 km oder 14 vH, zwischen dieser und der badisch-hessischen Grenze 50,10 km oder 37,1 vH, zusammen also 81,81 km oder 23,4 vH, und nach der geometrisch begründeten und durch die bei allen Flußkorrektionen gemachten Erfahrungen bestätigten Regel müßte eine solche gewaltige Laufkürzung bei der unbegrenzten Beweglichkeit der Stromsohle unter sonst nicht geänderten Abflußverhältnissen eine starke Tieferbettung gegen Oberstrom nach sich ziehen. Nun kommt aber das III. Heft der „Beiträge zur Hydrographie des Großherzogtums Baden" (die Korrektion des Oberrheins von Max Honsell) 1885, S. 34 ff., bezüglich der großen Hochwasser durch eine Vergleichung der späteren mit den früheren Hochwasserhöhen, die allerdings auf die Zusammensetzung und den zeitlichen Verlauf der Einzelhochwasser des Rheins und der Zuflüsse nicht näher eingeht und deshalb auf Zuverlässigkeit keinen Anspruch machen kann, zu dem überraschenden

Ergebnis, daß die Korrektion, mit Ausnahme der Gegend zwischen Plittersdorf und Dettenheim, keine erhebliche Senkung der höchsten Wasserstände zur Folge gehabt habe, andererseits aber auch keine Erhöhung der Hochwasserstände eingetreten sei. Bezüglich der Niederwasser sind dort aus den Pegelbeobachtungen seit Beginn der Rheinkorrektion bis Ende 1884 auf einem zwar verläßlicheren, immerhin aber auch nicht einwandfreien Wege die Tiefer- (—) Bettungen an den wichtigeren badischen Pegeln wie folgt ermittelt worden:

bei Schusterinsel . . .	— 99 cm		bei Söllingen	—111 cm
„ Rheinweiler . . .	—222 „		„ Plittersdorf	—138 „
„ Neuenburg . . .	—216 „		„ Maxau	—144 „
„ Breisach	— 24 „		„ Philippsburg . . .	— 81 „
„ Weisweil	— 15 „		„ Mannheim	— 60 „ .
„ Kehl	—111 „			

Zwischen diesen beiden Feststellungen besteht, nebenbei bemerkt, insofern ein Widerspruch, als Tieferbettungen um die hier angegebenen Beträge, d. h. Zunahmen des Abflußquerschnitts im Hauptbett bis zu 400 qm bei sonst gleichbleibenden Verhältnissen eine nennenswerte, wenn auch noch unter den von Tulla angegebenen Maßen bleibende Senkung der großen Hochwasser zur Folge haben müßten.

Hiernach hätten sich die von Tulla von der Korrektion erwarteten Wirkungen 1885 nicht eingestellt gehabt. Im III. Heft der „Beiträge" wird dies damit zu erklären versucht, daß, im Grunde genommen, durch die Korrektion die Hochwasserabflußverhältnisse nicht viel geändert worden seien, da die Altarme diesem Abfluß noch wesentlich dienen, durch die Eröffnung des neuen Strombettes also vielfach geradezu eine Vergrößerung des Flutraumes stattgefunden habe. Dagegen ist aber einzuwenden, daß die Geschiebebewegung im Rhein bei allen Wasserständen, hohen wie niederen, stattfindet, die Ausbildung des Bettes also weniger durch die verhältnismäßig selten auftretenden, höchstens 1 bis 2 Wochen dauernden großen Hochwasser, als vielmehr durch die lang andauernden Mittel- und Niederwasser bedingt ist. Diese aber wurden schon 1885 in der Hauptsache im neuen Bett abgeführt und gelangten nur zu einem kleinen Teil in die schon damals an den Einströmungen fast durchgehends eingeengten, zu einem großen Teil sogar bis auf Mittelwasserhöhe abgebauten, im übrigen aber verlandeten Altarme. Durch die bis vor etwa anderthalb Jahrzehnten künstlich geförderte Verlandung und den vorschreitenden Abbau der Einströmungsöffnungen sind die Altarme nach und nach noch mehr ausgeschaltet worden, so daß sie heute teils — wie im oberen Lauf — überhaupt ganz trocken liegen, teils — wie im mittleren und unteren Lauf — nur noch bei den großen Hochwassern in Tätigkeit treten. Dazu kommt, daß das bordvolle Profil des Hauptbettes bei der Korrektion durchweg schmäler gewählt wurde, als es vorher war, nämlich von Schusterinsel bis zur bayerischen Grenze zu 200—250 m (früher 375—456 m), von da bis zur Neckarmündung zu 240 m (früher 387 m) und unterhalb der letzteren zu 300 m (früher 387 m), wodurch die Erosionswirkung gesteigert werden mußte; sowie ferner, daß die unter Hochwasser liegenden Rheininseln sich nach und nach mit den Hochwasserabfluß hemmendem Wald bedeckt haben; endlich, daß Zurückverlegungen von Deichen nur an wenigen Stellen und nur in begrenzter Ausdehnung vorgenommen wurden, während Einengungen des Hochwasserbettes an zahlreicheren Stellen und in größerem Umfang stattfanden.

Die kleinen Maße der 1885 ermittelten Tieferbettungen sind also nicht ohne weiteres verständlich. Sie erscheinen aber in einem anderen Lichte, wenn man auch die Langsamkeit, mit der die Geschiebewanderung im Rhein vor sich geht und die Menge der Geschiebe berücksichtigt, die bei der Tieferbettung abtreiben müssen. Nach einer Angabe im III. Heft der „Beiträge" beträgt die Strecke, um welche eine Kiesbank im Jahr wandert, im Mittel 450 m; beispielsweise wären also für das Durchwandern der rund 70 km langen Strecke Kehl—Maxau $\dfrac{70}{0,45}$ = 155 Jahre notwendig. Die einer Tieferbettung um 1,0 m in dieser Strecke entsprechende Geschiebemenge aber betrüge $70\,000 \cdot 220 \cdot 1,0$ = 15,4 Millionen Kubikmeter.

Danach muß es scheinen, daß bei den Feststellungen von 1885 ein wichtiger Faktor, nämlich die Zeit, nicht genügend gewürdigt worden ist, diese Feststellungen selbst also verfrüht waren. In dieser Meinung wird man durch die Ausführungen bestärkt, die im III. Heft der „Beiträge" über die in Zukunft noch zu erwartenden Änderungen der Höhenlage des Bettes gemacht sind, und den Vergleich derselben mit dem, was in den folgenden vier Jahrzehnten tatsächlich eingetreten ist. Sie sind so charakteristisch, daß sie im Wortlaut mitgeteilt werden müssen.

Nachdem Seite 35 in allerdings nicht einwandfreier Weise — die bei Basel von 1808—1884 eingetretene Tieferbettung ist mit 0,18 m statt mit 0,35 m in Rechnung gestellt, und die Beharrungsstände sind als Längenschnitte des Stromspiegels verwendet — eine Zusammenstellung der seit Beginn der Korrektionsarbeiten bis Ende 1884 eingetretenen Höher- und Tieferbettungen gegeben worden ist (Tabelle VI), wird dazu bemerkt:

„Die im unkorrigierten Lauf zwischen Basel bzw. Rheinweiler und Altbreisach entschieden konvex nach oben gekrümmte Kurve des Längenprofils hat ihre Gestalt etwas verändert. Die Kurve ist jetzt zwischen Schusterinsel und Altbreisach nahezu zur geraden Linie geworden; nur bei Neuenburg erscheint noch ein schwacher Rücken, der aber gegenwärtig in so starkem Ablaufen begriffen ist, daß voraussichtlich schon in wenigen Jahren das Längenprofil oberhalb des Kaiserstuhls eine schwach nach unten gekrümmte Kurve bilden und damit jene Form angenommen haben wird, wie sie dem Gleichgewichtszustand im Fluß mit beweglicher

Tabelle VI.

Pegel	1820 bis 31 gegen 1815 bis 18 m	1832 bis 41 gegen 1820 bis 31 m	1842 bis 51 gegen 1832 bis 41 m	1852 bis 61 gegen 1842 bis 51 m	1862 bis 71 gegen 1852 bis 61 m	1872 bis 81 gegen 1862 bis 71 m	1882 bis 84 gegen 1872 bis 81 m	Summen Tieferbettung — m	Summen Höherbettung + m	Endgültige Tiefer- oder Höherbettung m
Schusterinsel		—0,09	—0,03	—0,09	—0,39	—0,09	—0,30	—0,99	+0,00	—0,99
Rheinweiler .		+0,36	—0,09	+0,03	—0,75	—0,87	—0,90	—2,61	+0,39	—2,22
Neuenburg .		—0,54	±0,00	—0,39	+0,24	—0,54	—0,93	—2,40	+0,24	—2,16
Breisach . .		—0,15	+0,03	—0,03	—0,15	+0,09	—0,03	—0,36	+0,12	—0,24
Weisweil . .		—0,12	+0,15	—0,15	+0,09	+0,15	—0,27	—0,54	+0,39	—0,15
Kehl		—0,48	—0,15	—0,27	+0,03	—0,24	±0,00	—1,14	+0,03	—1,11
Söllingen . .		+0,21	—0,54	—0,24	—0,09	—0,30	—0,15	—1,32	+0,21	—1,11
Plittersdorf .		—0,15	—0,99	—0,54	+0,15	+0,09	+0,06	—1,68	+0,30	—1,38
Maxau . . .	—1,14	—0,03	—0,06	—0,30	—0,03	+0,12	±0,00	—1,56	+0,12	—1,44
Philippsburg		—0,09	—0,51	—0,66	+0,21	+0,15	+0,09	—1,26	+0,45	—0,81
Mannheim .		+0,06	+0,06	—0,24	+0,03	—0,45	—0,06	—0,75	+0,15	—0,60

Sohle entspricht, in einer Strecke, in welcher nur kleine Seitengewässer ohne nennenswerte Geschiebezufuhr eintreten. Damit stimmt auch überein, daß sich mit dem fortschreitenden Auslaufen der Sohle die Richtung des Talwegs in dieser Stromstrecke zusehends gestreckt hat und namentlich im oberen Teile derselben der Talweg schon eine permanente Lage angenommen zu haben scheint, indem die vordem auch hier wandernden Kiesbänke mehr und mehr bleibenden Anlagerungen an dem konvexen Ufer Raum gemacht haben.

Anders ist das Bild in der nächstfolgenden Strecke von Neuenburg bis Breisach. Während oberhalb Neuenburg die fortschreitende Senkung des Strombettes seit mehreren Jahren in ein Stadium unverkennbarer Stetigkeit getreten ist, vollzieht sie sich abwärts Neuenburg bis gegen Breisach noch in stürmischer Weise. Es ist der jüngste Teil der Rheinkorrektion, und der Vorgang der Ausbildung des Strombettes ist einem Gärungsprozeß zu vergleichen: die Anfälle des Talwegs an die Ufer, seine Übergänge von einem Ufer zum anderen, die Veränderungen in Größe, Form und Lage der Kiesbänke, der Wechsel von tiefen Kolken und hochaufgetragenen Schwellen treten noch in der schroffsten Form auf.

Entlang des Kaiserstuhls, von Breisach bis Sasbach, ist das Gefälle wieder etwas schwächer, die Erhöhung des Bettes bei Weisweil bedingt nochmals eine etwas stärkere Neigung; sie ist aber zweifellos zur Zeit in der Abnahme begriffen, so daß auch hier die Kurve binnen kurzem stetigen Verlauf zeigen wird.

Das gleiche gilt nunmehr von dem Längenprofil bis zur badisch-hessischen Grenze; alle die Änderungen in der Höhenlage der Sohle haben sich im Sinne der Ausgleichung vorhanden gewesener Unregelmäßigkeit vollzogen. In seinem allgemeinen Lauf bildet das Längenprofil des Rheins vom Kaiserstuhl bis zur hessischen Grenze gegenwärtig schon eine stetig gekrümmte Linie.“

Sodann wird S. 41 fortgefahren:

„Wenn man sich nun für berechtigt halten dürfte, aus dem Gang der seither eingetretenen Veränderungen und aus dem gegenwärtigen Zustand des Rheins auf die Veränderungen zu schließen, welche noch zu gewärtigen sind, so ließe sich folgende Betrachtung anstellen: Trotz der namhaften Senkung des Strombettes von Schusterinsel bis unterhalb Neuenburg haben sich die relativen Gefälle dieser Stromstrecke nicht bedeutend geändert; die Stromsohle ist vielmehr ziemlich gleichmäßig herabgegangen. Dabei hat sie aber, wie erwähnt, schon nahezu jene Längenprofilsform angenommen, wie sie hier dem Gleichgewicht im Stromregime entsprechen würde. Gleichzeitig hat die Stromsohle im Grundriß und Querprofil von oben her fortschreitend mehr und mehr regelmäßiger sich gestaltet. Daraus ist zu folgern, daß die Gefällsausgleichung dieser Strecke sich allmählich bis zur Einmündung des ersten größeren Seitenflusses, der Elz (etwa 2,5 km unterhalb des Weisweiler Pegels), mit mäßiger Abschwächung der Neigung fortsetzen werde und daß, wenn dies geschehen, in dieser obersten Stromstrecke das Gleichgewicht unter den Abflußbedingungen erreicht sein wird.

Demnach müßte in der Strecke von Neuenburg bis Breisach, wo jetzt noch die Stromverhältnisse die lebhafteste Bewegung zeigen, das relative Gefälle sich vermindern; und es liegt kein Grund vor, zu zweifeln, daß diese Gefällsabnahme in ähnlicher Weise vor sich gehen werde, wie die Ausflößung des Bettes zwischen Schusterinsel und Neuenburg, nämlich durch eine stromabwärts fortschreitende Senkung der Sohle, wie sie in den jüngsten Jahren sich in sehr starkem Maße vollzogen hat. Daß die Gefällsabnahme durch Erhöhung des Rheines bei Breisach erzeugt werden könnte, ist nach dem seitherigen indifferenten Verhalten des Strombettes an dieser Stelle als ausgeschlossen zu betrachten.

Die Entwicklung des Längenprofils in dem angedeuteten Sinn bedeutet weitere Senkung des Bettes von Breisach aufwärts allmählich zunehmend bis zu etwa 1,50 m in der Gegend von Neuenburg, von hier an wieder abnehmend bis zu etwa 1,00 m bei Schusterinsel (Hüningen). Zwischen Breisach und Kappel muß ebenfalls noch eine Gefällsausgleichung stattfinden, nicht unwahrscheinlich durch weiteres Herabgehen der Sohle zwischen Sasbach und Weisweil, vielleicht mit gleichzeitiger Hebung in der Gegend von Kappel.

Weiter abwärts bis zur hessischen Grenze hat sich im ganzen jetzt schon ein solcher Grad von Stetigkeit in der Längenprofilskurve entwickelt, und die Krümmungen derselben stehen mit den oben angeführten Grundsätzen über die Ausbildung des Längenprofils eines geschiebeführenden Stromes, insbesondere auch über die Einwirkung der Seitenflüsse auf dieselbe, dermaßen in Übereinstimmung, daß aller Voraussicht nach bedeutende, auf größere Stromabteilungen sich erstreckende Veränderungen nicht mehr eintreten werden. Im einzelnen allerdings werden sich die Gefälle noch mehr ausgleichen, hier kleine Senkungen, dort ebensolche Hebungen in der Sohle eintreten.

Namentlich in der Gegend zwischen Plittersdorf und Philippsburg scheint die Wiedererhöhung der Stromsohle ihr Ende noch nicht erreicht zu haben, und es ist mit Grund anzunehmen, daß die Aufschüttung des Bettes sich weiter stromabwärts fortpflanzen werde. Da aber vom unteren Ende der Korrektion eine Senkung des Bettes aufwärts fortzuschreiten scheint, so ist zu erwarten, daß eine Ausgleichung der Gefälle sich einstellen werde, derart, daß die Erhöhung des Strombettes auf geringes Maß beschränkt, bei Philippsburg wohl auch später wieder Senkung bewirkt wird."

Das Ergebnis der Untersuchungen wird sodann S. 44 wie folgt zusammengefaßt:

„Die Wirkung der Korrektion auf die Stromverhältnisse ist zur Zeit noch nicht abgeschlossen.

Soweit aus dem seitherigen Vorgang der Ausbildung des neuen Laufes und aus seinem gegenwärtigen Zustand auf die mutmaßlich noch bevorstehenden Wirkungen geschlossen werden kann, ist anzunehmen, daß oberhalb des Kaiserstuhls das Bett sich noch weiter senken, und von hier an abwärts zwar da und dort noch Auf- und Abwärtsbewegungen der Stromsohle eintreten, im ganzen aber beträchtliche Änderungen in der gegenwärtigen Lage sich nicht ergeben werden."

Diese allerdings mit Vorsicht ausgesprochene Ansicht hat in der Entwicklung des Strombettes in den 40 Jahren von 1882—1921 keine Bestätigung erfahren. Zunächst ist seit 1917 die Felsbarre bei Istein durch den Strom freigelegt, so daß sie in ihrer ganzen Breite und Länge sichtbar und auch der Anfang des an ihr entstehenden Absturzes zu erkennen ist. Damit ist dem Vorschreiten der Erosion gegen Basel Halt geboten, doch wird sich dies bei Schusterinsel erst nach einiger Zeit bemerkbar machen, da die Entfernung von der Barre bis dorthin etwa 7 km beträgt. Die gesamte Tieferbettung bei Schusterinsel seit 1884 mißt 0,99 m; bis zum Vorrücken der dem Gleichgewichtszustand entsprechenden Sohlenlage von der Barre bis zum Pegel wird hierzu noch ein weiterer Betrag kommen, so daß also das in der Voraussage angegebene Maß von 1,0 m, wie auch der Verlauf der Beharrungslinie vermuten läßt, erheblich überschritten werden wird. Durch die Isteiner Barre ist aber überhaupt das Erosionsgebiet gegen Oberstrom begrenzt. Die Strecke oberhalb der Barre hat also für die weitere Betrachtung auszuscheiden.

Von der Isteiner Barre abwärts ist alles anders gekommen, als 1885 angenommen wurde. Während damals Breisach als Inflexionspunkt — „Zone der Nullarbeit des Stromes" — galt und von da aus gegen Oberstrom wachsend eine weitere Tieferbettung vermutet wurde, die bei Neuenburg mit etwa 1,50 m das Höchstmaß erreichen und sodann wieder abnehmen würde, ist durch die Beharrungslinien zunächst erwiesen, daß das damals betonte indifferente Verhalten des Strombettes bei Breisach schon 1897 aufgehört und einer zur Zeit augenscheinlich noch vorschreitenden Tieferbettung Platz gemacht hat, die in der verhältnismäßig kurzen Zeit von 25 Jahren bereits das beträchtliche Maß von 0,50 m erreicht hat. Sodann ist die Annahme einer von Breisach gegen Neuenburg wachsenden Tieferbettung durch die Beharrungslinie für Hartheim widerlegt, die von 1902 ab eine ebenso rapide Tieferbettung wie bei Neuenburg und von der gleichen Höhe aufweist, welche 1885 bei Neuenburg als Maximum angenommen war. Bei Neuenburg aber hat die Tieferbettung seit 1884 nicht 1,50 m, sondern nahezu 3,00 m betragen, wobei sie fraglos noch in starkem Vorschreiten begriffen ist. Da außerdem bei Rheinweiler 2,50 m Tieferbettung festgestellt sind, so kann auch nicht von einer Abnahme oberhalb Neuenburg gesprochen werden.

Aber auch zwischen Breisach und Kappel ist die Entwicklung nicht so gekommen, wie 1885 vermutet wurde, da die Beharrungslinien der Pegel von Sasbach bis Altenheim nicht auf eine Gefällsausgleichung, sondern auf eine sich erst vollziehende Umwälzung der Stromverhältnisse schließen lassen. Die Vermutung endlich, daß von Kappel bis zur hessischen Grenze bedeutende, auf größere Stromabteilungen sich erstreckende Veränderungen nicht mehr eintreten werden, hat sich bis Diersheim nicht, weiter unterhalb bis Dettenheim dagegen allerdings bestätigt, doch ist hier die zwischen Plittersdorf und Philippsburg erwartete Höherbettung ausgeblieben, während die von der hessischen Grenze vorschreitende Tieferbettung bereits bei Rheinau zunächst zum Stehen gekommen zu sein scheint.

Diese Überlegungen und Vergleichungen lassen erkennen, daß auch heute noch nicht von einem endgültigen Gleichgewichtszustand in irgendeiner Strecke des Stromes gesprochen werden kann. Der heutige Stromzustand läßt sich etwa wie folgt charakterisieren.

Oberhalb Kehl, von der Isteiner Barre aufwärts, darf mit dem Eintritt des endgültigen Gleichgewichtszustandes in der nächsten Zeit — vielleicht in einigen Jahrzehnten — gerechnet werden. Unterhalb dieser Barre dagegen ist der Strom in einer Umwälzung begriffen, mächtiger und weiter ausgebreitet als vor 40 Jahren, deren Vorschreiten gegen Unterstrom um so mehr beschleunigt wird, je mehr infolge der Tieferbettung die Hochwasser im Mittelbett Platz finden. Darüber kann auch der Umstand nicht täuschen, daß zwischen Istein und Neuenburg der Talweg sich mehr gestreckt und die Bewegung der Kiesbänke nachgelassen hat; die letztere wird, wie die Beharrungslinien für Rheinweiler und Neuenburg vermuten lassen, wahrscheinlich wieder einsetzen, sobald das Vorschreiten der Tieferbettung langsamer wird. Wenn dies aber auch nicht der Fall wäre, so läßt die weitere Ausbreitung des Erosionsgebietes bis unterhalb Sasbach und der Neueintritt einer Erosion von Diersheim aufwärts über Altenheim hinaus erkennen, daß hier noch ein weiter Weg bis zum Eintritt eines dauernden Gleichgewichtes zurückzulegen ist.

Auch unterhalb Kehl bis Philippsburg darf der bisher eingetretene Gleichgewichtszustand schon deshalb nicht als ein dauernder, sondern nur als ein vorübergehender angesehen werden, weil die bei der Korrektion vorgenommene gewaltige Laufkürzung, als deren endgültige Wirkung mit mathematischer Sicherheit eine gegen Oberstrom eintretende Tieferbettung anzunehmen ist, bisher nur mit einem verhältnismäßig kleinen Teil in die Erscheinung getreten ist.

Alle diese Symptome bestätigen somit die oben ausgesprochene Auffassung, daß die Vorgänge im Strombett, die durch den sehr gewalttätigen Eingriff bei der Korrektion ausgelöst werden mußten, erst in viel späterer Zeit in ihrem ganzen Umfang zu erkennen sein werden, aus den Feststellungen von 1885 und auch von heute dagegen nur auf vorübergehende Stadien der Entwicklung geschlossen werden kann, die die ersten Glieder in der Herausbildung des endlichen

Gleichgewichtszustandes sind, bis zu dessen Eintritt noch Menschenalter, wenn nicht Jahrhunderte, vergehen werden.

So ist denn auch anzunehmen, daß das Vorschreiten der Erosion von der badisch-hessischen Grenze stromaufwärts bis Sondernheim und das Nachlassen der Geschiebezufuhr in die Strecke stromabwärts von Kehl, sofern nicht durch künstliche Eingriffe in das Stromregime eine Beschleunigung herbeigeführt wird, nicht schon in einigen Jahren oder Jahrzehnten, sondern erst sehr viel später eintritt, und darf daher noch auf lange hinaus mit der Fortdauer des derzeitigen — allerdings im Grunde nur vorübergehenden — Zustandes zwischen Diersheim und Sondernheim gerechnet werden. Es war somit auch unbedenklich, diese Strecke zu regulieren, sofern dabei nur darauf geachtet wurde, daß diese Regulierung nicht in der Form eines gewalttätigen Eingriffes erfolgte, der geeignet war, Störungen des Gleichgewichtszustandes herbeizuführen. Diese Vorsicht ist denn auch bei der Bearbeitung des Entwurfes in weitgehendstem Maße walten gelassen worden.

Die Höher- und Tieferbettungen zwischen Sondernheim und Straßburg infolge der Regulierung und ihre Bedeutung für die Beurteilung des Erfolges derselben.

Wenn auch die Beharrungslinien und die mittleren Spitzenlinien infolge des kurzen Zeitraumes, über den sich die verfügbaren Beobachtungen erstrecken — der Beginn der Bauarbeiten reicht wohl in einigen Strecken bis 1908 zurück, die erste Anlage war aber erst etwa 1916 beendigt — eine abschließende Beurteilung der Wirkung der Regulierung noch nicht gestatten, so lassen sie doch an fast allen Pegeln schon Abweichungen von dem vorhergehenden Stromzustand erkennen, die sich zweifelsfrei als nicht willkommene Auswirkungen der Regulierung darstellen.

Mit dem Regulierungsentwurf war die Schaffung eines Fahrwassers für die Großschiffahrt von 88—92 m, im Mittel also von 90 m Breite und von 2 m Tiefe bei einem bestimmten Wasserstand beabsichtigt. Zu dem Zweck sollte das bereits vorhandene Niederwasserrinnsal im Grundriß so umgestaltet werden, daß die schroffen Übergänge durch schlanke, für die Großschiffahrt befahrbare ersetzt werden; ferner sollte das Längenprofil so weit ausgeglichen werden, daß die Abstürze an den Schwellen entfallen, endlich der Querschnitt des Niederwasserrinnsals eine Form erhalten, in der sich das angestrebte Fahrwasser ausbilden kann. Im übrigen sollte, wie aus zahlreichen Stellen der Denkschrift zum Entwurf der Regierung von 1896/97 hervorgeht[1]), an dem bestehenden Stromzustand möglichst wenig geändert und namentlich darauf gehalten werden, daß Änderungen in der Höhenlage des Strombettes oder der Geschiebezufuhr vom Oberstrom nicht eintreten.

Bei der Festlegung der neuen Grundrißform (Linienführung) mußte das Längenprofil des Talwegs infolge der Streckung der Übergänge kürzer werden. Diese Kürzungen und die ihnen entsprechenden Tieferbettungen sind nach bekannter Methode rechnerisch wie folgt ermittelt worden:

Pegelstelle	Kürzung km	Tieferbettung m
Maxau	0,661	—0,09
Söllingen	1,170	—0,19
Kehl	1,620	—0,43

Hierzu ist S. 22 der Denkschrift von 1896/97 bemerkt:

„Die berechneten Senkungen sind nicht groß; Senkungen von 9 cm bei Maxau und 19 cm bei Söllingen können nicht als nachteilig bezeichnet werden; auch eine Senkung von 43 cm bei Kehl wäre zu ertragen, wenn nur dafür gesorgt wird, daß sie sich nicht weiter stromauf fortpflanzen kann. Eine unwillkommene Erscheinung wäre diese Senkung aber doch; es muß ihr entgegengewirkt werden, und dies kann bei der Gestaltung des Querprofils geschehen. Jener Satz über die Veränderung des Längenprofils als Folge von Laufkürzungen trifft ja nur dann zu, wenn die übrigen Abflußbedingungen die gleichen bleiben. Gelingt es, das neue Niederwasserprofil so zu gestalten, daß das fließende Wasser darin mehr Reibungswiderstände findet als im jetzigen Talwegsprofil, so kann die Wirkung der Laufkürzung, d. h. die Gefällsvermehrung, wieder aufgehoben werden.“

Der schwierigste Teil der Aufgabe bestand in der Wahl des Querschnittes des Niederwasserbettes, indem derselbe nicht nur den Durchfluß der Niederwassermenge, sondern auch den Durchgang der vom Oberstrom kommenden Geschiebe sowie die Ausbildung des erstrebten Fahrwassers, und zwar ohne eine nennenswerte Änderung der Höhenlage des Strombettes, gewährleisten mußte. In dieser Beziehung sind die folgenden Ausführungen der Denkschrift von 1896/97 von besonderem Interesse:

S. 25 Abs. 3:

„Wenn schon die Ergebnisse der Berechnung der Stromquerschnitte mit Anwendung hydraulischer Formeln wenig Vertrauen verdienen, so wird man doch bei der Bearbeitung eines Projektes, wie das vorliegende, auf dieses Hilfsmittel nicht ganz verzichten wollen, weil es eben überhaupt mit den für die Bestimmung der Querprofile gebotenen Grundlagen dürftig bestellt ist.“

S. 27 Abs. 2 und 3:

„Bei allem Mißtrauen gegen die Zuverlässigkeit solcher Rechnungsergebnisse wird man im vorliegenden Fall doch zugeben müssen, daß mit Vorsicht verfahren

---

[1]) Vgl. S. 3 Ziff. 6; S. 3/4 Ziff. 3; S. 21 Abs. 1; S. 22 Abs. 3; S. 28 Abs. 4 Ziff. 1; S. 32 Abs. 2; S. 36 Abs. 3; S. 38 oben.

worden ist ... Der Weg, der sonst wohl eingeschlagen wird, um für die Bestimmung der Breite des durch die Regulierung zu schaffenden Bettes besseren Anhalt, als aus der hydraulischen Berechnung, zu gewinnen, nämlich die Untersuchung der Maße in einer Strecke des Flusses, woselbst die natürlichen Zustände schon annähernd dem entsprechen, was man in anderen Strecken durch künstliche Einwirkung schaffen will — auch dieser Weg ist im vorliegenden Fall schwer gangbar. Zwischen Sondernheim und Kehl finden sich solche wohlausgebildete Strecken nicht; durchweg wechseln hier Schwellen mit tiefen Kolken, jede Kiesbank bedeutet für die kleineren Wasserstände eine Stromspaltung, und überall ist das Relief der Stromsohle fast ununterbrochen in der Umbildung. Unterhalb Sondernheim und noch mehr unterhalb Rheinhausen sind allerdings geregelte Zustände vorhanden; aber gerade daß dies dort der Fall ist bei gleicher Wassermenge und gleicher Strombreite, wie in der Strecke oberhalb Sondernheim, zeigt deutlich, welche wichtige Rolle der Unterschied des Gefälles spielt."

Nachdem sodann ausgeführt ist, daß und in welcher Weise eine Untersuchung der vorhandenen Breitenmaße stattgefunden habe, wird S. 28 Abs. 4 fortgefahren:

„Um eine Wahl, nicht um eine aus den Ergebnissen von hydraulischen und hydrotechnischen Untersuchungen abgeleitete Bestimmung handelt es sich bei der Entschließung über die dem Niederwasserbett zu gebende Breite. Die Ergebnisse der Untersuchung der vorhandenen Rinnenbreiten sind nicht sicherer als jene der hydraulischen Berechnung; allein durch den Umstand, daß die Ergebnisse beider Ermittlungsweisen doch nicht weit auseinanderliegen, gewinnen sie an Vertrauenswürdigkeit, und so dürfen sie immerhin bei der Wahl der Breitenabmessungen zum Anhalt dienen."

Hierdurch ist die Bedeutung der der Denkschrift von 1896/97 als Anlage beigegebenen hydraulischen Berechnungen wesentlich abgeschwächt und die Beurteilung der Abflußverhältnisse und der Geschiebebewegung mit dem Ziele einer möglichst unveränderten Beibehaltung des bisherigen Zustandes in den Vordergrund gerückt. Mit Recht, nicht allein der Unsicherheit wegen, die hinsichtlich der Wahl des Koeffizienten in der hydraulischen Formel besteht, sondern auch deshalb, weil die Pegelbeobachtungen am nicht regulierten Oberrhein, sowie sie in der Anlage verwendet sind, nach dem oben Ausgeführten stets die Quelle mehr oder weniger großer Fehler sind; wozu dann noch kommt, daß, wie später noch gezeigt werden wird, dabei als Ausgang für die Berechnung des maßgebenden Wasserstandes eine unrichtige, nämlich um 20—25 cm zu große Zahl am Mainzer Pegel gewählt worden war.

Der Gegenstand besonderer Sorgfalt war die Gestaltung des Übergangs vom korrigierten in den regulierten Lauf bei Kehl und der Übergang vom regulierten in den korrigierten Lauf bei Sondernheim. Hierzu ist S. 37/38 Abs. 3 und 4 ausgeführt:

„Führt nach Herstellung des Niederwasserbettes der Rhein zwischen Kehl und Sondernheim keine größere Menge an Geschieben und anderen Sinkstoffen, als ihm von der Strecke oberhalb Kehl und aus den Zuflüssen zukommt, so ist auch nicht einzusehen, wie durch die Festlegung eines Niederwasserbettes an der

3*

Geschiebezufuhr nach der Stromstrecke unterhalb Sondernheim irgend Wesentliches geändert werden sollte. Selbstverständlich muß, wie oben schon angedeutet, am unteren Ende der Regulierungsstrecke eine angemessene Überleitung der Stromprofile stattfinden; durch die Dettenheimer Stromkrümme ist dies erleichtert.

Eine solche Überleitung muß auch am oberen Ende der Regulierungsstrecke bei Kehl angeordnet werden, und zwar hier derart, daß in der Übergangsstrecke gewissermaßen eine Auflösung der von oben anrückenden Kiesbänke sich nachzieht; dies wird geschehen, wenn die Entstehung tiefer Kolke verhindert wird und zu diesem Zwecke wird es sich empfehlen, oberhalb km 124 eine das ganze Strombett durchquerende Sohlenschwelle einzulegen. Damit wird zugleich erreicht, daß, wenn trotz aller Vorsicht am oberen Ende der Regulierungsstrecke die Stromsohle sich senken sollte, die Senkung sich stromauf nicht weiter fortpflanzen kann, was unbedingt vermieden werden muß, wenn nicht eine jetzt nicht vorhandene Zufuhr von Geschiebemassen in die Regulierungsstrecke hervorgerufen und damit den wichtigsten Voraussetzungen des Projekts der Boden entzogen werden soll. Die Durchbauung des Rheinbettes unterhalb der Straßburg-Kehler Brücken ist um so mehr zulässig, als diese Brücken derzeit den Abschluß der von der Großschiffahrt benutzten Wasserstraße des Rheins bilden, und die Regierungen der Uferstaaten sich darüber verständigt haben, daß, wenn sich auf der Rheinstrecke oberhalb Kehl später ein Schiffsverkehr entwickeln sollte, besondere Vorkehrungen zur Umgehung der Hindernisse, welche die gedachten Brücken dann bilden würden, Platz zu greifen hätten. (Vgl. Protokoll der Zentralkommission für die Rheinschiffahrt. Außerordentliche Sitzung. 1894. Nr. XII.")

Sowie ferner S. 108 Abs. 1:

„Aber auch für den unteren Anfang der Regulierungsstrecke wird noch eine Aufwendung vorzusehen sein. Wenn schon nicht zu besorgen ist, daß die Ausbildung des neuen Niederwasserbettes eine bleibend nachteilige Wirkung auf die unten folgende Stromstrecke äußern wird, so ist es doch nicht ausgeschlossen, daß infolge der im untersten Teil der Regulierungsstrecke auszuführenden Arbeiten vorübergehend eine verstärkte Kiesablagerung abwärts Sondernheim sich einstellen und der Schiffsverkehr dadurch belästigt werden kann. Es erscheint demnach durch Vorsicht geboten, für hier vorzunehmende Baggerungen noch einen Betrag vorzusehen. Nimmt man an, daß die ungünstigen Wirkungen auf 5—6 Schwellen auftreten mögen, daß sich dies einmal wiederholen kann, und jedesmal etwa 80000 m³, im ganzen also 16000 m³ zu baggern sind, so ergibt sich ein Kostenbetrag von rund 50000 M.“

Hält man mit diesen Ausführungen die Beharrungslinien und die mittleren Spitzenlinien zusammen, so zeigt es sich, daß bis 1921 unterhalb Diersheim zwar noch keine bedenklichen Störungen, aber doch solche Änderungen eingetreten sind, die auf keine vollständige Übereinstimmung der Gleichgewichtsfaktoren schließen lassen und deshalb unerwünscht sind. Das gleiche gilt von den an mehreren Pegeln über die mittlere Spitzenlinie ragenden größeren Spitzen. Nach dem, was in der Denkschrift von 1896/97 über die Ermittelung des Querschnittes des Niederwasserbettes ausgeführt ist, kann das nicht wundernehmen, vielmehr wäre es dem Zufall zuzuschreiben gewesen, wenn der Querschnitt auf den ersten Anhieb dem Gleichgewichtszustand vollständig entsprochen hätte. Wie sich die Beharrungslinien und die mittleren

Spitzenlinien bei einer weiteren Belassung des derzeitigen Zustandes gestalten und ob die über die mittleren Spitzenlinien ragenden größeren Spitzen dabei wieder verschwinden werden, läßt sich mit Sicherheit nicht sagen, eine Wiederannäherung an den Gleichgewichtszustand ist aber nicht wahrscheinlich. Es muß deshalb mit einer Nach-(Fein-)Regulierung gerechnet werden, die je nach den Höher- oder Tieferbettungen in Einengungen oder Erweiterungen der Übergänge unter gleichzeitiger Verbauung der Kolke mit Grundschwellen zu bestehen hätte. Diese Maßnahme wird um so weniger verschoben werden dürfen, als, wie weiter unten nachgewiesen werden wird, mit den Änderungen des Gleichgewichtszustandes die derzeitige ungenügende Ausbildung des Fahrwassers eng zusammenhängt.

In der Übergangsstrecke bei Kehl ist die Erstellung einer Sohlenschwelle noch vom Verfasser des Entwurfes wieder fallen gelassen worden, — was nur begrüßt werden kann, da nach den allenthalben an Flüssen mit beweglicher Sohle gemachten Erfahrungen aus solchen Schwellen infolge der Kolkbildung an der unteren Seite sehr bald Wehre werden, die nur mit großer Mühe zu erhalten sind. An deren Stelle trat zunächst ein Entwurf, der eine Stromspaltung durch eine an die Pfeiler der beiden Brücken angeschlossene, aus Leitwerken mit Zwischenfüllung gebildete, langgestreckte, nach beiden Enden spitz zulaufende flache Insel vorsah. Die von oben abwechselnd rechts und links kommenden Kiesbänke sollten in den zu beiden Seiten der Insel verbleibenden Rinnen zu Tal gehen; zur Regelung des Durchganges waren fischgrätenartige kurze Vorbuhnen vor den Leitwerken vorgesehen. Dieser Entwurf fand aber die Zustimmung der die Bauausführung überwachenden Regierungskommission nicht, weil sie den glatten Durchgang der Geschiebemassen durch eine verhältnismäßig schmale Rinne, die Offenhaltung der anderen Rinne und den späteren ungehinderten Durchgang der Schiffahrt nach Oberstrom glaubte bezweifeln zu müssen. Schließlich kam es zu einer Lösung, die in einer trompetenförmig sich erweiternden und bis gegen die Abzweigung des kleinen Rheins reichenden Weiterführung des Niederwasserbettes bestand, durch die die Kiesbänke unter allmählicher Steigerung der Stromkraft in die Regulierung befördert — „aufgelöst" werden. Gegen diese Lösung ist allerdings alsbald nach ihrer Durchführung von elsässischer Seite geltend gemacht worden, daß die damit geschaffene Übergangsstrecke zu kurz und hierin die Ursache der in der obersten Strecke der Regulierung eingetretenen Verkiesungen des Niederwasserbettes zu sehen sei. Dieser Einwand wird aber durch den Verlauf der Beharrungslinie und der mittleren Spitzenlinie am Kehler Pegel, der im unteren Drittel der Übergangsstrecke steht, nicht bestätigt. Wäre in der Tat die Übergangsstrecke zu kurz, so müßte sich die ungenügende „Auflösung" der Kiesbänke an diesem Pegel durch besonders starke Spitzenausschläge bemerkbar machen, was aber nicht der Fall ist. Nur einmal — gleich nach der Fertigstellung der Übergangsstrecke — 1917/18 ist eine Verkiesung des Niederwasserbettes um etwa 10 cm eingetreten, die aber noch 1918 wieder zurückging und sich seitdem nicht wiederholt hat.

Die Tieferbettung bei Kehl und Diersheim kann, schon weil sie bereits 1882 festgestellt ist, aber auch im Hinblick auf die Lage der Beharrungslinie und der mittleren Spitzenlinien am Grauelsbaumer Pegel nicht als die Folge der bei der Regulierung vorgenommenen Kürzung des Talwegs angesehen werden. Sie stellt sich vielmehr als eine von der Regulierung unabhängige partielle Umgestaltung des Stromes dar, als deren Folge sehr wahrscheinlich auch die bei Altenheim 1907 einsetzende ziemlich kräftige Tieferbettung angesehen werden muß. Daß durch diese Umgestaltung mehr Geschiebe in die regulierte Strecke gelangen, als der Entwurf angenommen hat, ist fraglos, und insofern haben sich die Befürchtungen des Entwurfs trotz der auf die Wahl des Querschnittes des Niederwasserbettes verwendeten Sorgfalt erfüllt. Als die Ursache ist das schon von der Korrektion herrührende und bei der Regulierung unverändert übernommene Überwiegen des Stromgefälles über die übrigen Gleichgewichtsfaktoren anzunehmen, das nur durch eine Verbreiterung des Niederwasserbettes behoben werden könnte. Andererseits hat sich aber, wie später noch gezeigt werden wird, von Kehl bis etwa 2,5 km oberhalb Diersheim das mit der Regulierung angestrebte Fahrwasser nicht eingestellt und wäre eine Besserung nur durch eine Einengung des Niederwasserbettes über den Übergängen zu erreichen. Die Beseitigung des einen Mißstandes müßte also eine Steigerung des anderen nach sich ziehen, was erkennen läßt, daß die Strecke Diersheim—Altenheim hinsichtlich des Stromgefälles jedenfalls an, wenn nicht bereits oberhalb der Grenze liegt, bis zu welcher die Regulierung des Oberrheins auf 2 m Fahrwassertiefe überhaupt möglich ist.

Auf die lokalen Verhältnisse, welche als die Ursache der besonders schlechten Fahrwasserverhältnisse zwischen der Einfahrt zum Straßburger Hafen und der Kinzigmündung (3,8 km unterhalb des Kehler Pegels) anzusehen sind, wird später näher eingegangen werden.

In der unteren Übergangsstrecke ist, wie die Beharrungslinie und die mittlere Spitzenlinie für Dettenheim-Sondernheim erkennen lassen, infolge der Regulierung eine Höherbettung von 9 cm eingetreten, die seit 1913 unverändert fortbesteht. Die im Entwurf vorgesehenen Baggerungen sind hier nicht vorgenommen worden.

Die Feststellung darüber, ob mit der Regulierung wirklich das Fahrwasser erzielt wurde, welches im Entwurf angestrebt ist, wird durch die Unsicherheit erschwert, die hinsichtlich des Ausgangs- (Vergleichs-) Wasserstandes besteht. In der Denkschrift zum Entwurf von 1896/97 ist S. 23 ausgeführt:

„Bekanntlich ist durch die Zentralkommission für die Rheinschiffahrt ein Einverständnis unter den beteiligten Regierungen dahin herbeigeführt, daß durch die Regulierungen am Rhein eine Fahrwassertiefe angestrebt werden soll:

unterhalb Köln von . . . . 3,00 m,
zwischen Köln und St. Goar von . . . . . . 2,50 „
„ St. Goar und Mannheim von . . . . 2,00 „
„ Mannheim und Straßburg (Kehl) von 1,50 „

und zwar bei gemitteltem Niederwasser. Unter dem „gemittelten Niederwasser" ist ein Wasserstand gemeint, wie er sich bei ruhigem Verhalten des Stromes (Beharrungszustand) einstellt, wenn am Pegel zu Köln der Wasserspiegel bei 1,5 m steht.

Nach der letztmals — 1885 — im gegenseitigen Benehmen der Wasserbaubehörden angestellten Ermittlungen entspricht diesem Wasserstand

am Pegel zu Maxau   das Maß von 3,20 m
„   „   „ Straßburg „   „   „   2,30 m."

Sodann wird S. 24 fortgefahren:

„Man wird dahin zu streben haben, daß in der Rheinstrecke Mannheim—Straßburg die gleiche Fahrwassertiefe (2,00 m) geschaffen wird, wie sie für die Strecke St. Goar—Mannheim geplant ist und, wenn auch zur Zeit nicht überall vorhanden, doch erreichbar erscheint. Dabei sollte die Zahl der Tage, an welchen innerhalb des Jahres diese Fahrwassertiefe mindestens vorhanden ist, zwischen Mannheim und Straßburg nicht oder doch nicht erheblich kleiner sein als in der Strecke St. Goar—Mannheim. Der letzteren Bedingung wird entsprochen, wenn bei der Übertragung des gemittelten Niederwasserstandes vom Mittelrhein nach dem Oberrhein auch die Häufigkeit des Eintretens berücksichtigt wird. Der mit 1,50 m am Kölner Pegel übereinstimmende Wasserstand am Mainzer Pegel ist zu 0,70 m ermittelt, und der diesem Maß auch in der Zeitdauer annähernd entsprechende Wasserstand beträgt in runden Zahlen

am Pegel zu Maxau . . . . . 3,00 m,
„   „   „ Straßburg . . . . 2,00 „

Der Maxauer Pegel kann für die Stromstrecke unterhalb, der Straßburger Pegel für jene oberhalb der Murgmündung als maßgebend betrachtet werden".

Für die Herabsetzung der Zahlen des gemittelten Niedrigwassers für Straßburg von 2,30 m auf 2,00 m, für Maxau von 3,20 m auf 3,00 m scheint neben anderen Erwägungen die der Anlage zur Denkschrift beigegebene Tabelle der gemittelten niedrigen Beharrungsstände aus den Jahren 1885—1890 mitbestimmend gewesen zu sein, die $+0,70$ m Mainz als mit $+1,50$ m Köln im Jahre 1885 gleichwertig annimmt und danach das arithmetische Mittel der niederen Beharrungsstände als das gemittelte Niedrigwasser an den Pegeln zwischen Speyer und Straßburg-Kehl angibt. Nun ist aber das hier eingehaltene Verfahren nach dem oben bezüglich der Verwertung der Pegelbeobachtungen am nicht regulierten Oberrhein Gesagten mit Fehlern behaftet, die durch das arithmetische Mittel nicht beseitigt werden können; die Tabelle der gemittelten Niederwasserstände kann also auf Zuverlässigkeit und Genauigkeit keinen Anspruch machen. Aber auch die Pegelzahl $+0,70$ m

Mainz ist nicht einwandfrei, weil, wie seitdem[1]) festgestellt wurde, ihr von 1885—1890 eine 47tägige Unterschreitungsdauer entsprochen hat, während nach den Feststellungen der Preußischen Landesanstalt für Gewässerkunde der Stand von $+1{,}50$ m Köln im Jahre 1885 nur an 20 Tagen im Jahr unterschritten war, so daß also die Voraussetzung der ungefähr gleichen Häufigkeit des Eintretens, die in der Denkschrift besonders betont ist, nicht erfüllt ist.

Es entsteht also die Frage, ob von jenem nicht einwandfrei ermittelten Wasserstand von 2,00 m Straßburg (1,95 m Kehl) und 3,00 m Maxau bei der Beurteilung der Erfolge der Regulierung ausgegangen werden darf, oder ob nicht eine neue, den Höher- und Tieferbettungen an den genannten beiden Pegeln gerecht werdende Bestimmung dieser Zahlen mit der Maßgabe gerechtfertigt sei, daß die Unterschreitungsdauer von etwa 20 Tagen gewahrt bleibt.

Werden die Zahlen 1,95 m für Kehl und 3,00 m für Maxau als maßgebend festgehalten, so sind für irgendeinen späteren Zeitpunkt die Höher- und Tieferbettungen zuzuschlagen oder in Abzug zu bringen, die von 1890 bis zu jenem Zeitpunkt an den beiden Pegeln eingetreten sind. Für die Jahre 1923—1925, in denen der Talweg in der regulierten Strecke regelmäßig verpeilt worden ist, ergeben sich die folgenden Zahlen:

	für Kehl	für Maxau
1923:	$1{,}95 - 33.0{,}0125 = 1{,}54$ m,	$3{,}00 + 16.0{,}0038 + 17.0{,}0066 = 3{,}17$ m,
1924:	$1{,}95 - 34.0{,}0125 = 1{,}53$ „	$3{,}00 + 16.0{,}0038 + 18.0{,}0066 = 3{,}18$ „
1925:	$1{,}95 - 35.0{,}0125 = 1{,}51$ „	$3{,}00 + 16.0{,}0038 + 19.0{,}0066 = 3{,}19$ „

Bei einer Bestimmung der Pegelzahlen für Kehl und Maxau nach der zweiten Methode muß für die Ermittelung des Wasserstandes mit 20tägiger Unterschreitungsdauer das ganz ungewöhnlich trockene Jahr 1921 ausscheiden, somit kann, wenn nach dem Vorgang der Preußischen Landesanstalt für Gewässerkunde Jahrfünfte zum Vergleich gestellt werden, nur das Jahrfünft 1916/20 in Betracht kommen. Für dieses ergeben sich die gleichwertigen Pegelzahlen für Ende 1920:

bei Kehl zu 1,69 m,   bei Maxau zu 3,21 m.

Unter Berücksichtigung der Höher- und Tieferbettungen von 1921 bis 1925 gehen diese Zahlen über für

	Kehl	Maxau
1923	in $1{,}69 - 3.0{,}0125 = 1{,}65$ m,	in $3{,}21 + 3.0{,}0066 = 3{,}23$ m
1924	„ $1{,}69 - 4.0{,}0125 = 1{,}64$ „	„ $3{,}21 + 4.0{,}0066 = 3{,}24$ „
1925	„ $1{,}69 - 5.0{,}0125 = 1{,}63$ „	„ $3{,}21 + 5.0{,}0066 = 3{,}24$ „

Diese auf verschiedenem Wege erhaltenen beiden Zahlengruppen weichen allerdings nicht erheblich voneinander ab. Die zum Ausgang für die erste Gruppe genommene Zahl von 1,95 m für Kehl ist jedoch an sich — nach dem oben über die Verwendung von Niederwasser-

---

[1]) Zeitschrift für Binnenschiffahrt, Heft 7, S. 267, 1926.

längenschnitten Gesagten — außerdem aber auch deshalb fragwürdig, weil durch die Regulierung das Fahrwasser an das rechte Ufer gebracht und hier vor dem Kehler Pegel festgelegt worden ist, wodurch die Ablesungen an diesem Pegel seitdem durchschnittlich etwas höher wurden als am Straßburger Pegel, jedoch Unklarheit darüber besteht, wie dieser Unterschied in Rechnung gestellt werden soll. Andererseits ist auch keinerlei Gewähr dafür gegeben, daß das Jahrfünft 1921/25 auch nur angenähert den Forderungen entspricht, die nach dem oben Gesagten an die Vergleichsjahrfünfte zu stellen sind. Von den beiden Zahlengruppen dürfte zwar die erste mehr Vertrauen verdienen als die zweite; gleichwohl soll die letztere, als die höheren Pegelzahlen enthaltend, der nun folgenden Untersuchung zugrunde gelegt werden, um dem Vorwurf einer parteiischen Beurteilung der Erfolge der bereits ausgeführten Regulierung zu begegnen. Selbstverständlich haben diese Zahlen nur für die genannten drei Jahre Gültigkeit, für spätere Jahre wären sie entsprechend den Höher- und Tieferbettungen zu ändern.

Zu den Zahlen für Kehl ist noch zu bemerken, daß eine Tieferbettung an diesem Pegel bereits 1908 von der elsaß-lothringischen Wasserbauverwaltung festgestellt worden war und deshalb auf deren Antrag durch die zur Überwachung des Bauvollzuges berufene Regierungskommission die für die Höhenlage der Regulierungsbauwerke maßgebende Pegelzahl für Straßburg von 2,00 m auf 1,50 m herabgesetzt wurde. Für Kehl würde dies 1,45 m ergeben. Diese Zahl ist heute noch nicht erreicht; immerhin war die Herabsetzung aber berechtigt, und es entspricht ungefähr der heutigen Sohlenlage des Stromes, wenn die Bauten von Kehl bis gegen die Murgmündung auf $+1,50$ m Straßburg liegen.

Die projektmäßige Beziehung zwischen den beiden maßgebenden Pegeln Maxau = Kehl $+ 1,00$ m lautet infolge der Höher- und Tieferbettungen

1923 . . . Maxau = Kehl $+1,58$ m,
1924 . . . Maxau = Kehl $+1,60$,,
1925 . . . Maxau = Kehl $+1,61$,,

Für die Bestimmung der Tiefen stehen die allwöchentlich von den Wasserbauverwaltungen durch Peilung auf den Übergängen ermittelten kleinsten Tiefen im Talweg von Kehl bis unterhalb Sondernheim aus den Jahren 1923—1925 zur Verfügung. Werden diejenigen Peilungen unberücksichtigt gelassen, die bei den für die Schiffahrt nicht mehr kritischen Wasserständen — etwa über 2,50 m am Kehler Pegel — stattgefunden haben, ferner die Ortsbezeichnung auf die badische Ufervermessung bezogen und das von der Zentralkommission für die Rheinschiffahrt in den Jahresberichten eingehaltene Verfahren zur Bestimmung der Abweichungen der wirklichen Tiefen von der angestrebten auch hier angewendet, so erhält man die folgende Tabelle VII.

Tabelle VII.

O. Z.	Datum der Peilung	Wasserstand am Pegel		Festgestellte kleinste Tiefe im Talweg		Angestrebte Tiefe nach dem Pegel		Fehlbetrag nach dem Pegel	
		Kehl cm	Maxau cm	Strom-kilometer	Maß cm	Kehl cm	Maxau cm	Kehl cm	Maxau cm
	1923								
1	30. I.	205	—	128,475	200	240	—	40	—
2	19. III.	231	411	192,900	250	266	288	16	38
3	26. III.	254	—	128,650	230	289	—	59	—
4	20. VIII.	250	399	212,850	210	285	276	75	66
5	27. VIII.	247	—	170,225	230	282	—	52	—
6	3. IX.	230	381	212,900	220	265	258	45	38
7	17. IX.	198	353	183,100	200	233	330	33	30
				212,100	160			73	70
8	24. IX.	236	—	170,375	220	271	—	51	—
9	1. X.	211	370	190,300	200	246	247	46	47
				212,950	200			46	47
10	8. X.	237	394	180,500	240	272	271	32	31
11	17. XII.	234	400	128,575	240	269	277	29	37
				182,400	240			29	37
				190,600	230			39	47
	1924								
12	14. I.	248	438	128,700	270	284	314	14	—
				181,250	280			4	34
13	28. I.	237	424	128,700	250	273	300	23	—
				181,075	250			23	50
13a	4. II.	210	380	182,600	220	246	256	26	36
				212,900	240			6	16
14	11. II.	200	376	128,705	230	236	252	6	—
				181,150	220			16	32
15	18. II.	192	359	182,600	200	228	235	28	35
				213,000	210			18	25
16	25. II.	173	338	128,800	190	209	214	19	—
				168,800	200			9	—
				171,575	190			19	—
				181,125	180			29	34
17	3. III.	187	343	213,000	180	223	219	43	39
18	14. III.	176	—	129,450	180	212	—	32	—
19	17. III.	165	330	182,400	180	201	206	21	26
				213,150	160			41	46
20	14. X.	245	405	190,500	250	281	281	31	31
21	20. X.	218	380	190,600	230	254	256	24	26
22	27. X.	205	360	190,600	210	241	236	31	26
23	17. XI.	228	406	127,175	220	264	282	44	—
				182,140	260			4	22
				213,000	270			—	12
24	24. XI.	189	366	196,750	220	225	242	5	22
25	1. XII.	168	345	131,650	180	204	221	4	—
				169,750	190			14	—
				213,150	180			24	41
26	8. XII.	172	339	213,000	180	208	215	28	35
27	15. XII.	163	324	126,650	150	199	200	49	—
				213,100	160			39	40
28	23. XII.	147	308	213,100	140	183	184	43	44

O. Z.	Datum der Peilung	Wasserstand am Pegel		Festgestellte kleinste Tiefe im Talweg		Angestrebte Tiefe nach dem Pegel		Fehlbetrag nach dem Pegel	
		Kehl cm	Maxau cm	Strom-kilometer	Maß cm	Kehl cm	Maxau cm	Kehl cm	Maxau cm
29	29. XII.	140	310	131,475	140	176	186	36	—
				213,000	140			—	46
	1925								
30	5. I.	144	312	184,700	170	181	188	11	18
31	12. I.	152	—	131,475	150	189	—	39	—
32	19. I.	145	320	184,800	160	182	196	22	36
33	26. I.	131	310	131,400	140	168	186	28	—
				184,500	160			8	26
34	2. II.	165	346	190,600	190	202	222	12	32
35	9. II.	143	319	127,100	150	180	195	30	—
				190,550	190			—	5
36	16. II.	173	348	213,000	220	210	224	—	4
37	23. II.	165	343	127,100	160	202	219	42	—
				212,950	200			2	19
38	2. III.	172	341	213,000	210	209	217	—	7
39	9. III.	158	336	131,475	180	195	188	15	—
				196,900	190			5	—
40	23. III.	148	325	129,700	170	185	201	15	—
				213,100	190			—	11
41	30. III.	178	344	213,100	210	215	220	5	10
42	6. IV.	187	357	126,575	200	224	233	24	—
				213,000	220			4	13
43	14. IV.	215	378	213,050	260	242	254	—	—
44	22. VI.	245	—	124,875	250	282	—	32	—
				129,525	250			32	—
				153,400	240			42	—
45	29. VI.	237	401	131,425	260	274	277	14	—
46	6. VII.	201	369	124,850	190	238	245	48	—
				131,150	230			8	—
				213,100	230			8	15
47	20. VII.	236	410	124,875	250	273	286	23	—
				153,900	270			3	—
				213,100	280			—	6
48	27. VII.	244	401	127,275	270	281	277	11	—
				138,075	290			—	—
				156,950	250			31	—
				213,100	280			1	—
49	3. VIII.	238	425	124,800	250	275	301	25	—
				154,500	270			5	—
50	14. IX.	235	—	124,525	200	272	—	72	—
				131,075	240			32	—
				151,300	260			12	—
51	21. IX.	238	411	126,800	260	275	287	15	—
52	12. X.	225	411	125,450	230	262	287	32	—
				185,200	260			2	27
53	19. X.	195	—	126,975	220	232	—	12	—
				153,250	230			2	—
54	26. X.	222	402	124,950	230	259	278	29	—
				154,025	250	—		9	—
				186,300	270			—	8
55	2. XI.	185	—	127,075	190	222		32	—
56	16. XI.	202	393	127,075	210	239	269	29	—
				182,300	260			—	9

Von den in dieser Tabelle enthaltenen 98 kleinsten Tiefen entfallen 46 auf die Strecke oberhalb der Murgmündung (km 174,5). Für sie sind die angestrebten Tiefen sowie die Fehlbeträge nach dem Kehler Pegel berechnet. Bei den übrigen 52 unterhalb der Murgmündung belegenen Stellen sind der Berechnung der angestrebten Tiefen und der Fehlbeträge die beiden Pegel Kehl und Maxau zugrunde gelegt. Es zeigte sich hierbei, daß in 34 Fällen — also etwa $^2/_3$ aller Fälle — die Unterschiede, die sich beim Ausgang vom einen oder vom anderen Pegel ergaben, unter 10 cm blieben, während in 18 Fällen dieser Unterschied bis zu 30 cm beträgt. Die letzteren Fälle dürften, soweit sich an Hand der für die Pegel Kehl, Maxau und Mannheim veröffentlichten Wasserstandszahlen verfolgen läßt, ihren Grund teils in der Unsicherheit der Kehler Pegelzahlen infolge der von Basel stromabwärts sich fortpflanzenden Tagesschwankungen, teils in dem ungleichen Verlauf der Wasserstandsbewegungen an den beiden Pegeln infolge von Schwankungen der zwischen Kehl und Maxau einmündenden Zuflüsse haben. Da die letzteren bei der Ermittelung der mit der Regulierung erreichten kleinsten Tiefen aber außer Betracht bleiben müssen, so empfiehlt es sich, den Pegel Maxau für diesen Zweck fallen zu lassen und den Pegel Kehl für die ganze Erstreckung der Regulierung zugrunde zu legen.

Wird hiernach verfahren und werden in der Tabelle die kleinsten Tiefen in Gruppen zusammengefaßt, die sich vom Pegel Kehl bis zum Kehler Hafenmund (km 127,2), im übrigen von Pegel zu Pegel erstrecken und nach Niederwasserperioden — im allgemeinen von Anfang September des einen bis Ende März des folgenden Jahres dauernd — geordnet, so geht sie in die folgende Tabelle VIIa über.

O. Z.	Stromkilometer	Fehlbeträge			
		Januar bis Ende März 1923 cm	September 1923 bis Ende März 1924 cm	September 1924 bis Ende März 1925 cm	September bis Ende November 1925 cm
23, 27, 35, 37, 42, 44, 46, 47, 49, 50, 51, 52, 53, 54, 55, 56	124,525—127,200 Pegel Kehl bis Kehler Hafenmund	—	—	44, 49, 30, 42, 24	32, 48, 23, 25, 72, 15, 32, 12, 29, 32, 29
1, 3, 11, 12, 13, 14, 16, 18, 25, 29, 31, 33, 39, 40, 44, 45, 46, 48, 50	127,200—135,7 Kehler Hafenmund bis Pegel Diersheim	40, 59	29, 14, 23, 6, 19, 32	4, 36, 39, 28, 15, 15	32, 14, 8 11, 32
—	135,7—146,5 Pegel Diersheim bis Pegel Grauelsbaum	—	—	—	—
44, 47, 48, 49, 50, 53, 54,	146,5—157,5 Pegel Grauelsbaum bis Pegel Söllingen	—	—	—	42, 3, 31, 5, 12, 2, 9

O. Z.	Stromkilometer	Fehlbeträge			
		Januar bis Ende März 1923 cm	September 1923 bis Ende März 1924 cm	September 1924 bis Ende März 1925 cm	September bis Ende November 1925 cm
5, 16, 25	157,5—170,3 Pegel Söllingen bis Pegel Plittersdorf	—	52, 9	14	—
8, 16	170,3—174,4 Pegel Plittersdorf bis Pegel Steinmauern	—	51, 19	—	—
7, 10, 11, 12, 13, 13a, 14, 15, 16, 19, 23	174,4—184,2 Pegel Steinmauern bis Pegel Neuburgweier	—	33, 32, 29, 4, 23, 26, 16, 28, 29, 21	4	—
9, 11, 20, 21, 22, 30, 32, 33, 34, 52	184,2—192,3 Pegel Neuburgweier bis Pegel Maxau	—	46, 39	31, 24, 31, 11, 22, 8, 12, 2	—
2, 24, 39	192,3—201,1 Pegel Maxau bis Pegel Leopoldshafen	16	—	5, 5	—
—	201,1—209,0 Pegel Leopoldshafen bis Ende	—	—	—	—
4, 6, 7, 9, 13a, 15, 17, 19, 25, 26, 27, 28, 37, 41, 42, 46, 48	unterhalb 209,0	—	75, 45, 73, 46, 6, 18, 43, 41, 24, 28, 39, 43, 2, 5, 4	—	8, 1

Werden weiter die Fehlbeträge in Abschnitten von 10 zu 10 cm ausgezählt, so ergibt sich die folgende Übersicht:

Maß des Fehlbetrages	Anzahl der Stellen einzeln	vH
über 70 cm	3	3,4
60—69 ,,	—	—
50—59 ,,	3	3,4
40—49 ,,	12	13,6
30—39 ,,	16	18,2
20—29 ,,	18	20,5
10—19 ,,	16	18,2
1— 9 ,,	20	22,7
Zusammen	88	100

Hiervon entfallen:

	oberhalb des Kehler Hafenmundes	zwischen Diersheim und Kehler Hafenmund	oberhalb Diersheim zusammen
über 70 cm	1	—	1
60—69 ,,	—	—	—
50—59 ,,	—	1	1
40—49 ,,	4	1	5
30—39 ,,	4	5	9
20—29 ,,	5	3	8
10—19 ,,	2	6	8
1— 9 ,,	—	3	3
Zusammen	16	19	35

Von den festgestellten Untiefen entfällt somit etwa ein Drittel auf die oberste Strecke zwischen dem Kehler und dem Diersheimer Pegel, und zwar liegen 16 oberhalb, 19 unterhalb des Kehler Hafenmundes. In größerer Zahl finden sie sich zwischen Grauelsbaum und Söllingen (7), zwischen Steinmauern und Maxau (21) und vom unteren Ende der Regulierung bis km 214 (17). Vereinzelte Untiefen weisen die Strecken Söllingen—Steinmauern und Maxau—Leopoldshafen auf, während zwischen Diersheim und Grauelsbaum und von Leopoldshafen bis zum unteren Ende solche nicht festgestellt sind. Es darf aber nicht übersehen werden, daß bei den Peilungen nur die kleinsten Tiefen im Talweg festgestellt wurden, also neben diesen noch andere Stellen vorhanden sein können, an denen die Tiefe zwar etwas größer ist, aber doch noch unter dem angestrebten Maße bleibt. Die letztgenannten Strecken werden also noch weitere Untiefen enthalten, und die vier erstgenannten Strecken sind lediglich als diejenigen anzusehen, in denen die Untiefen besonders stark auftreten.

Im einzelnen ist zu der Tabelle VIIa zu bemerken:

Die große Zahl und die großen Fehlbeträge der Untiefen zwischen dem Kehler und dem Diersheimer Pegel weisen darauf hin, daß das Niederwasserbett auf den Übergängen zu breit ist. Eine Beseitigung der Untiefen darf von Baggerungen, die sich im Rahmen der Fahrwasserunterhaltung bewegen, nicht erwartet werden. Einer Einengung des Niederwasserbettes aber steht die oben nachgewiesene Tatsache der Tieferbettung des Stromes in dieser Strecke entgegen.

Zu der mangelhaften Ausbildung des Fahrwassers in der etwa 4,6 km langen Strecke vom Kehler Pegel bis zur Kinzigmündung haben neben der Tieferbettung und der vermehrten Kieszufuhr vom Oberstrom allerdings noch andere Verhältnisse beigetragen, die nicht unerwähnt bleiben dürfen. Vor allem die gezwungene Linienführung des Niederwasserbettes, die dadurch veranlaßt war, daß in Abständen von 1300 m, 2500 m und 500 m voneinander die Abzweigung des Oberkanals des Kehler Hafenkraftwerkes vom Rhein, die Einfahrten zu den Häfen von Straßburg und Kehl und die Kinzigmündung an das Fahrwasser gebracht werden mußten. Sodann der Umstand, daß kurz unterhalb des Kehler Pegels zum Betrieb des vorgenannten Hafenkraftwerkes dem Rhein vom Niederwasser an zunehmend 20 bis 40 oder 50 sec/m³ entnommen werden und erst etwa 3,8 km stromabwärts durch den Hafenmund wieder in ihn zurückgelangen. Endlich das tiefliegende flache Vorland vor dem Kehler Hafen, das schon von 3,0 m a. P. ab überströmt wird. Eine Verbesserung wird sich zwischen der Abzweigung des

Oberkanals des Kehler Hafenkraftwerkes und dem Kehler Hafenmund vielleicht noch durch eine der hier verminderten Abflußmenge entsprechende Einengung des Niederwasserbettes auf den beiden Übergängen — allerdings auf Kosten der Fahrwasserbreite — erreichen lassen, doch wird die Tiefe dadurch nicht über das Maß zu bringen sein, welches zur Zeit zwischen diesem Hafenmund und dem Diersheimer Pegel vorhanden ist.

Vom unteren Ende der Regulierung abwärts ist die im Entwurf befürchtete Verkiesung der Übergänge eingetreten. Hier werden also, wenn die Fahrwasserverhältnisse in der Regulierung etwa noch verbessert werden sollten, Baggerungen nicht zu umgehen sein.

In der zwischenliegenden Strecke ist, gleichwie zwischen Diersheim und Kehl, mit Baggerungen allein nicht auszukommen. Es begegnet aber keinem Anstand, die noch ungenügenden Tiefen durch Einengung der Übergänge in Verbindung mit der Verbauung der Kolke mit Grundschwellen nahe an die projektmäßige zu bringen, da infolge der Regulierung fast durchgängig mäßige Höherbettungen eingetreten sind, deren Beseitigung erwünscht und durch die Einengungen ohne Störung des allgemeinen Gleichgewichtszustandes möglich ist.

Im übrigen ist zu beachten, daß die mitgeteilten Tiefenzahlen sich auf den Talweg beziehen, also an den tiefsten Stellen der Fahrwasserquerschnitte genommen sind, die Schiffahrt somit mit noch kleineren Tiefen rechnen muß.

Mit diesen Feststellungen im Einklang befindet sich das Ergebnis, zu dem man bei einer Prüfung der in der Denkschrift von 1896/97 betonten Gleichwertigkeit der beiden Stromstrecken St. Goar—Mannheim und Mannheim—Straßburg gelangt. Die kritische Stelle der erstgenannten Strecke liegt im Binger Loch, dessen Aussprengung 1893/94 beendigt war. Die Sohle liegt darin 2,00 m unter 1,20 m oder auf —0,80 m am Binger Pegel. In dem den vorangegangenen Untersuchungen zugrunde gelegten Jahrfünft 1916/20 entspricht aber einer 20 tägigen Unterschreitungsdauer der Stand von 1,20 m am Binger Pegel. Bei einem und demselben Wasserstand ist also in der Strecke St. Goar—Mannheim eine Fahrwassertiefe von 2,00 m, zwischen Mannheim und Straßburg dagegen, abgesehen von vereinzelten extremen Fällen, nur eine solche von 1,50 bis 1,60 m vorhanden.

Das Ergebnis der Regulierung ist sonach allerdings hinter dem zurückgeblieben, was man von ihr erhofft hatte. Es wäre aber unberechtigt, wollte man deshalb den Entwurf oder die Ausführung abfällig beurteilen. Tatsächlich hat sie, wie von den Schiffahrttreibenden allgemein anerkannt wird und in der Entwicklung der Oberrheinhäfen zum Ausdruck kommt, eine bedeutende Verbesserung des Fahrwassers gebracht. Daß das angestrebte Ziel nicht vollständig erreicht wurde, hat seinen Grund lediglich in der Unsicherheit, die bezüglich der Bestimmung des Querschnittes, namentlich der Breite des Niederwasserbettes, bestand. Darauf haben denn auch erfahrene Strombauingenieure schon bald nach Bekanntwerden des Entwurfes hingewiesen und die Vornahme von Nach- (Fein-) Regulierungen als unerläßlich bezeichnet.

Wie weit mit den Nachregulierungen im Hinblick darauf, daß das entwurfgemäße Fahrwasser überhaupt nur bis Diersheim, nicht aber bis Kehl—Straßburg zu erreichen ist, gegangen werden soll, ist eine Frage, deren Beantwortung außerhalb des Rahmens dieser Arbeit liegt. Es mag hier nur noch darauf hingewiesen werden, daß ihre Kosten nur einen Bruchteil von denjenigen der Regulierung betragen können, und es deshalb nicht zu verstehen wäre, wenn ihretwegen auf die möglichst vollkommene Ausgestaltung des großen und schönen Regulierungswerkes verzichtet werden wollte.

Die Regulierung Straßburg—Basel.

Der Gedanke, die Stromstrecke Straßburg—Basel zu regulieren, ist aus der Überschätzung der mit der Regulierung zwischen Sondernheim und Straßburg erreichten Erfolge entstanden. Ohne sorgfältige Prüfung, lediglich aus der Entwicklung des nach den Oberrheinhäfen gehenden Verkehrs glaubte man schließen zu dürfen, daß das, was man mit dem Entwurf angestrebt hatte, auch wirklich erreicht worden sei, und man war der Meinung, daß das, was dort gelungen sei, auch oberhalb Kehl unter den für nicht wesentlich verschieden, ja sogar teilweise für günstiger gehaltenen Stromverhältnissen erwartet werden dürfe, sofern nur der Zunahme des Stromgefälles entsprechend die Breite des Fahrwassers etwas kleiner — 75 m im Mittel — angesetzt werde.

Nun muß aber schon die zwischen Diersheim und Kehl gemachte Erfahrung zur Vorsicht mahnen. Denn wenn es dort, bei einem Stromgefälle, das sich zwischen 1:1600 und 1:1500 bewegt, infolge einer nur mäßig vorschreitenden Tieferbettung nicht gelungen ist, ein 88 m breites und 2,00 m tiefes Fahrwasser zu schaffen, so darf man auch nicht erwarten, von Breisach aufwärts bei einer rapiden Tieferbettung und einem Gefälle, das von 1:1000 auf 1:900 zunimmt, ein nur um 13 m schmäleres Fahrwasser von gleicher Tiefe zu bekommen. Wohl mag es sein, daß hydraulische Berechnungen zu einem solchen Ergebnis führen; auf solche allein darf aber, wie in der Denkschrift von 1896/97 klar ausgesprochen ist und worauf auch Girardon mehrfach hingewiesen hat, nicht gebaut werden, vielmehr muß an erster Stelle eine richtige Erkenntnis und sorgfältige Abwägung der Stromverhältnisse stehen. Diese aber läßt klar erkennen, daß die wichtigste Voraussetzung, auf der der Entwurf für die Regulierung Sondernheim—Straßburg beruht, der ungefähre Gleichgewichtszustand des Stromes in der zu regulierenden Strecke, hier nicht erfüllt ist. Vergleicht man nämlich die Beharrungslinien der Strecke Straßburg—Basel mit jenem der Strecke Sondernheim—Straßburg vor der Regulierung, so springt sofort die große Verschiedenheit in die Augen. Während in der letzteren von Sondernheim bis Diersheim ein nahezu vollständiger Gleichgewichtszustand bestand, der in der Denkschrift von 1896/97, allerdings irrtümlich, sogar als bis Kehl reichend angenommen wurde, befindet sich die ganze Strecke Straßburg—Basel in einer vollständigen Umwälzung. Nirgends, auch nur in einer kurzen Strecke, besteht ein Gleichgewichtszustand, vielmehr ist alles in neuem Werden begriffen: Die Hauptquelle des ganzen Geschiebeganges — das obere Erosionsgebiet — in einer rasch vorschreitenden Ausbreitung stromabwärts, ein neues Erosionsgebiet von Kehl aufwärts in der Entstehung, und zwischen beiden der Strom auf erhöhtem Bett mit den aus der oberen Erosionsstrecke zuströmenden Geschiebemassen ringend. Nicht eine einzige der Beharrungslinien deutet auf einen Gleichgewichtszustand. Die wesentlichste Voraussetzung, auf der der Entwurf für Sondernheim-Straßburg aufgebaut ist, erscheint also hier nicht nur nicht als erfüllt, sondern geradezu in das Gegenteil verkehrt.

Ohne den Gleichgewichtszustand sind aber dauernde Erfolge von der Regulierung nicht zu erwarten[1]). Es müßte daher der Regulierung zur Verhinderung weiterer Erosion eine Befestigung der Stromsohle vorangehen. Daß diese in der etwa 40 km langen Strecke von der Isteiner Barre bis gegen Breisach, woselbst die gesamten Hochwasser bis zu einer Menge von etwa 5000 sec/m^3 in dem zwischen den Uferkanten nur 200 m breiten Mittelbett abfließen, mit der Bauweise gelingen könnte, welche bei der Regulierung unterhalb Kehl Anwendung gefunden hat, darf ohne weiteres verneint werden. Nicht mehr um ein Leiten des Stromes mit sanftem Zwang, worauf zwischen Sondernheim und Straßburg so großer Wert

---

[1]) Vgl. die Abhandlung von H. Girardon zu der auf dem internationalen Binnenschiffahrtskongreß im Haag 1894 gestellten siebenten Frage: Flußregulierungen bei niedrigem Wasserstande S. 27/39.

Kupferschmid, Höher- und Tieferbettungen. 4

gelegt worden ist, handelt es sich bei der Unterbindung der Erosion, sondern um einen sehr gewalttätigen Eingriff in das gesamte Stromregime, bei dem Überraschungen und Fehlschläge nicht ausbleiben können, und man muß sich fragen, ob eine Regulierung zu empfehlen ist, die an ein derartiges Risiko gebunden ist.

Ähnlich, wenn auch nicht im gleichen Grade ungünstig, liegen die Verhältnisse in der Stromstrecke von Kehl bis über Altenheim hinauf. Eine besondere Komplikation aber würde die Regulierung in der 41 km langen Strecke von Weisweil bis über Ottenheim hinab dadurch erfahren, daß infolge der Höherbettung eine Vernässung der Niederung auf beiden Seiten des Stromes entstanden ist, die seit Jahren den Gegenstand von Klagen und Beschwerden der Uferanwohner gebildet hat und keinesfalls durch die Regulierung zu einer für alle Zukunft bleibenden gemacht werden darf. Die Regulierung wäre hier also erst nach Eintritt einer gewissen Tieferbettung zulässig, was die widersinnige Reihenfolge der Bauarbeiten zur Folge hätte, daß die mittlere Strecke erst lange Zeit nach der oberen und unteren in Angriff genommen werden könnte. Der seinerzeit gemachte Vorschlag, mit der Regulierung hier Ausbaggerungen des Strombettes und eine künstliche Entwässerung des Ufergeländes mit Pumpwerken zu verbinden, ist aus naheliegenden Gründen nicht ernst zu nehmen.

Gegen die Regulierung Straßburg—Basel bestehen also ernste Bedenken, und der Schluß aus der Strecke Sondernheim—Straßburg auf die Strecke Straßburg—Basel hat keine Berechtigung.

Zusammenfassung der Ergebnisse.

Die Ergebnisse der Untersuchungen lassen sich in Kürze wie folgt zusammenfassen:

Der heutige Zustand des Rheinbettes oberhalb der badisch-hessischen Grenze ist, auch abgesehen von den geophysikalischen Gesetzen, denen alle Ströme unterworfen sind, nur als ein vorübergehender anzusehen.

Die **Wirkungen der Korrektion,** die infolge der Zusammenfassung des stark zerfaserten Bettes und der mächtigen Laufkürzung einen gewaltigen Eingriff in den natürlichen Stromzustand bedeutet, sind nicht, wie man erwartet hat, bisher schon voll in die Erscheinung getreten, wie es bei einem so großen Werk, dessen Ausführung über ein halbes Jahrhundert erforderte, eigentlich auch natürlich ist. Die Tieferbettungen infolge der Laufkürzungen sind zum größeren Teil ausgeblieben; sie reichen nur von Unterstrom bis Altlußheim. Weiter stromaufwärts folgt eine Strecke mit ungefährem

Gleichgewichtszustand, die bis Diersheim reicht, worauf sich eine zweite bis Altenheim reichende Erosionsstrecke anreiht. Bis Weisweil liegt der Strom in hoch verschüttetem Bett, und bis zur Isteiner Barre dehnt sich sodann die gewaltige, den Strom hauptsächlich mit Geschieben speisende Erosionsstrecke aus, in der die Tieferbettung bereits soweit gediehen ist, daß die größten Hochwasser im Mittelbett Platz finden. Von der Isteiner Barre aufwärts findet zurzeit noch eine Erosion statt, sie nimmt aber ab und dürfte in nicht ferner Zeit ein Ende haben.

Wie die Entwicklung weitergehen wird, läßt sich zurzeit mit Bestimmtheit nicht sagen. Zu vermuten ist aber, daß sie vorerst auf die beiden Strecken von der badisch-hessischen Grenze bis gegen Sondernheim und von Diersheim stromaufwärts beschränkt bleiben wird. Die zwischenliegende Strecke von Sondernheim bis Diersheim dürfte noch nicht von ihr berührt werden, die ausgeführte Regulierung also noch nicht durch sie bedroht sein.

Die **Regulierung Sondernheim—Straßburg** hat eine beträchtliche Verbesserung des Fahrwassers gebracht und ist als gelungen zu bezeichnen. Ihr Fortbestand kann auf lange hinaus als gesichert angesehen werden, sofern nicht oberhalb Kehl durch die Schiffbarmachung eine Abnahme des Geschiebeganges veranlaßt wird, die notwendigerweise zu einer Erosion unterhalb Diersheim, also einer Beseitigung des bisherigen Gleichgewichtszustandes führen müßte. Indes würde auch in diesem Fall bis zum Eintritt der Wandlung lange Zeit vergehen und die jetzige Generation noch keinen Anlaß haben, sich mit den Abwehrmaßnahmen zu beschäftigen.

Die mit dem Entwurf angestrebte Tiefe von 2,00 m beim gemittelten Niedrigwasser ist noch nicht erreicht; auch ist die Strecke Mannheim—Straßburg hinsichtlich der Tiefe nicht gleichwertig mit jener von St. Goar bis Mannheim, worin die Tiefe bei gemitteltem Niedrigwasser tatsächlich 2,00 m beträgt.

Zwischen Sondernheim und Diersheim fehlen — wenn von den wenigen Stellen abgesehen wird, an welchen mit Baggerungen ausgekommen werden kann — im Talweg noch bis zu 40 cm. Dieser Mangel läßt sich durch eine Nach- (Fein-) Regulierung, bestehend in einer Einengung des Niederwasserbettes auf den Übergängen, gegebenenfalls in Verbindung mit dem Einbau von Grundschwellen, der unbeschadet des Gleichgewichtszustandes ausgeführt werden kann, beheben oder doch erheblich mindern.

Zwischen Diersheim und Kehl, woselbst die Tiefen noch etwas kleiner als unterhalb sind, darf auch von einer Feinregulierung eine Zunahme der Fahrwassertiefe auf 2 m nicht erwartet werden. Zwischen der Abzweigung des Oberkanals des Kehler Hafenkraftwerkes und dem Kehler Hafenmund hat, entsprechend der seitlich abgeleiteten Wassermenge, eine Einengung des Niederwasserbettes stattzufinden.

Am unteren Ende der Regulierung ist eine Verkiesung des Strombettes eingetreten, die bei der Nachregulierung oberhalb Sondernheim durch Baggerung zu beseitigen wäre.

Die **Regulierung Straßburg—Basel** müßte unter wesentlich anderen Bedingungen erfolgen als jene von Sondernheim bis Straßburg. Sie läßt einen Erfolg nur dann erwarten, wenn die Stromsohle zuvor auf die ganze Erstreckung der Regulierung festgelegt ist. Dies begegnet in der oberen Erosionsstrecke Schwierigkeiten, die geeeignet sind, das Gelingen und den Erfolg der Regulierung überhaupt in Frage zu stellen; in der Strecke zwischen Weisweil und Altenheim dagegen wäre die Regulierung erst dann zulässig, wenn sich der Strom um ein beträchtliches tiefer gebettet hat.

Die Voraussetzungen für das Gelingen der Regulierung sind also hier sehr viel ungünstigere als zwischen Sondernheim und Straßburg, und aus den dort erreichten Erfolgen darf nicht auf solche hier geschlossen werden.

Schlußwort.

Wenn die vorstehenden Untersuchungen zu einer anderen Beurteilung der Wirkungen der Korrektion des Oberrheins geführt haben, als sie 1885 statthatte, so liegt dies einmal daran, daß ein vier weitere Jahrzehnte umfassendes Beobachtungsmaterial zur Verfügung stand, sodann aber auch an der anderen Art der Verwertung dieses Materials, die genauere und zuverlässigere Schlüsse gestattet, als sie bei den früher angewandten Methoden möglich waren.

Eine abschließende Beurteilung der durch die Korrektion bedingten Änderungen des Stromzustandes muß allerdings einer späteren Zeit vorbehalten bleiben; es kann aber heute schon gesagt werden, daß bei den früheren Betrachtungen (1885) die Bedeutung der Zeit unterschätzt worden ist. Voraussichtlich wird sich die Korrektion erst nach mehreren Menschenaltern ganz ausgewirkt haben, es sei denn, daß der Strom durch ein erneutes künstliches Eingreifen gehindert wird, das ihm innewohnende Arbeitsvermögen auch fernerhin ungehindert zur Umgestaltung seines Bettes zu verwenden. Diese letztere Möglichkeit wird dann eintreten, wenn die Schiffbarmachung der Strecke Straßburg—Basel, sei es durch Regulierung oder Stromkanalisierung, zur Tatsache wird. Aber auch in diesem Falle wird es dann sehr erwünscht sein, über den tatsächlichen Stromzustand und die Wahrscheinlichkeit seiner Veränderung eine klare Vorstellung zu haben, und diese kann nur erhalten werden, wenn die Untersuchung nach der hier angegebenen Methode von 1921 ab weitergeführt und gegebenenfalls noch rückwärts, d. h. über die Zeit vor 1882 ergänzt wird. Hierzu möchte hier die Anregung gegeben werden.

Daß diese Untersuchung und ihre Weiterführung es auch ermöglichen würden, die letzten Ursachen der der Regulierung noch anhaftenden Mängel klar zu erkennen und ihre Beseitigung auf wissenschaftlicher Grundlage vorzunehmen, kann nicht zweifelhaft sein.

1882 83 84 85 86 87 88 89 1890 91 92 93 94 95 96 97 98 99 1900 1901
Schusterinsel
Km 4,1
+1,00 m a.P.
Rheinweiler
Km 19,7
+1,00 m a.P.
+1,00 m a.P.
Neuenburg
Km 33,1
+2,00 m a.P.
+1,50 m a.P.
+1,00 m a.P.
+0,50 m a.P.
±0,00 m a.P.

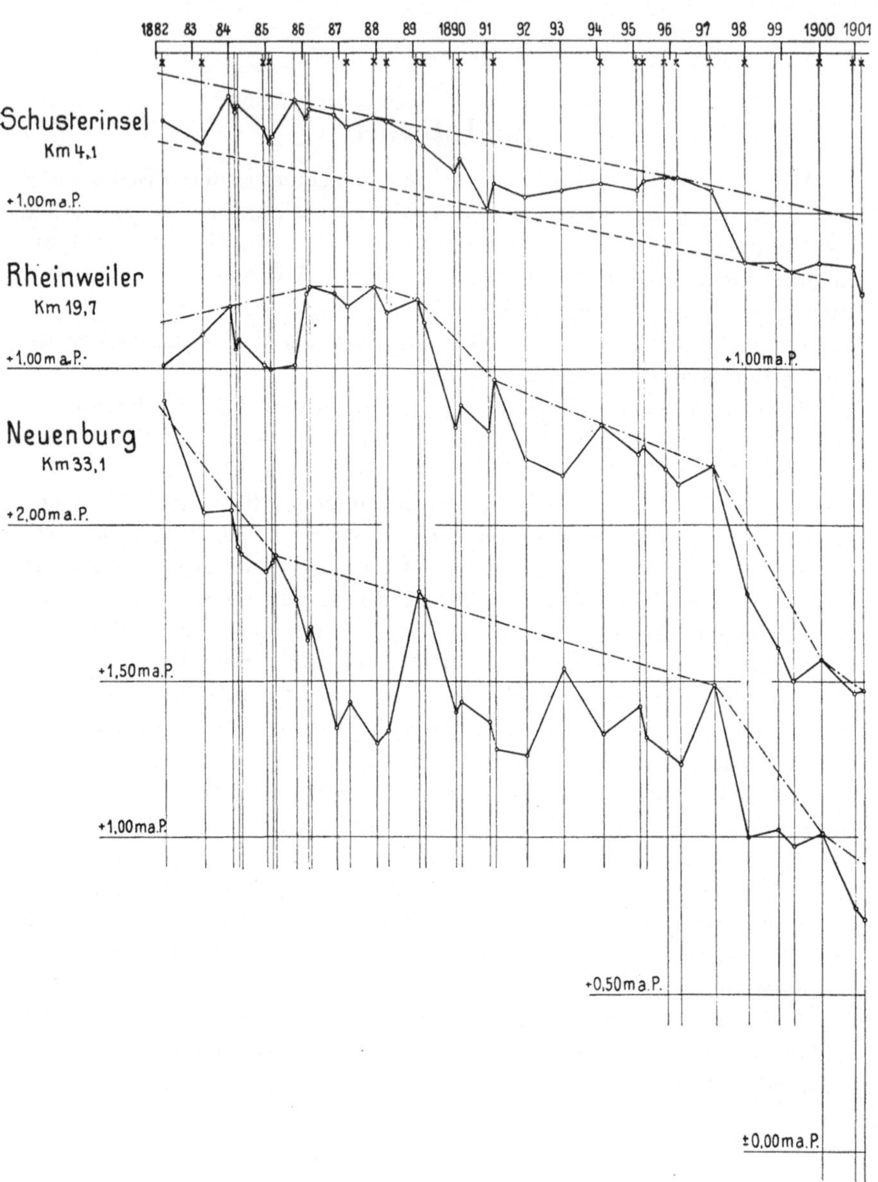

Abb. 9a.

1901 02 03 04 05 06 07 08 09 1910 11 12 13 14 15 16 17 18 19 1920 21 22
Längen 1 Jahr = 4,8 mm
Pegelhöhen 1:25
+1,00 m a.P.
+0,50 m a.P.
+0,50 m a.P.
+0,50 m a.P.
±0,00 m a.P.
-0,50 m a.P.
-0,50 m a.P.
-1,00 m a.P.
-1,50 m a.P.
-0,50 m a.P.
-0,50 m a.P.
-1,00 m a.P.

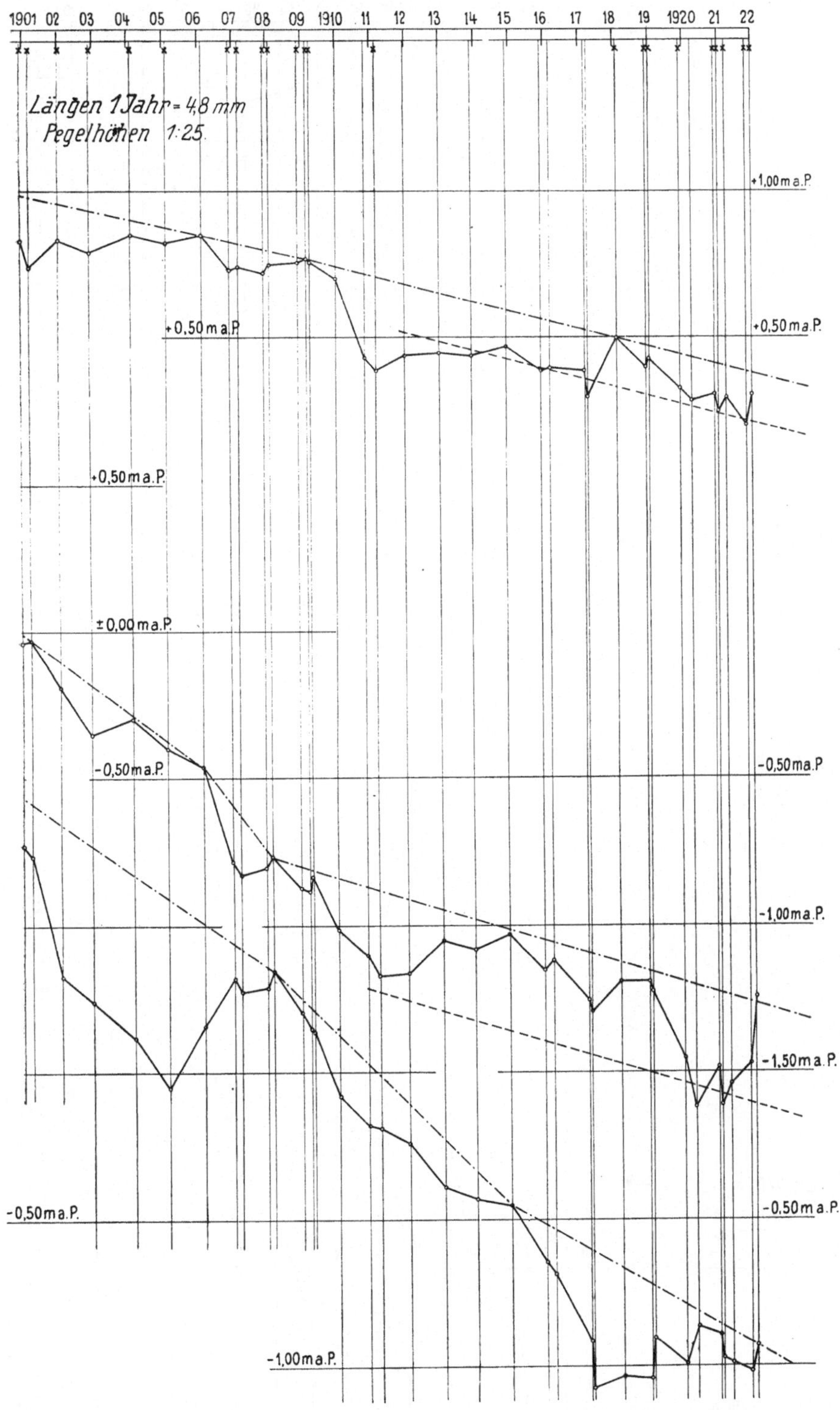

Abb. 9a.

1882 83 84 85 86 87 88 89 1890 91 92 93 94 95 96 97 98 99 1900
1901
Hartheim
Km 48,1
+1,50 m a.P.
+1,00 m a.P.
Breisach
Km 58,9
+1,50 m a.P.
+1,00 m a.P.
Sasbach
Km 73,8
+1,50 m a.P.
+1,00 m a.P
Weisweil
Km 84,4
+2,50 m a.P.
+2,00 m a.P.
+1,50 m a.P.

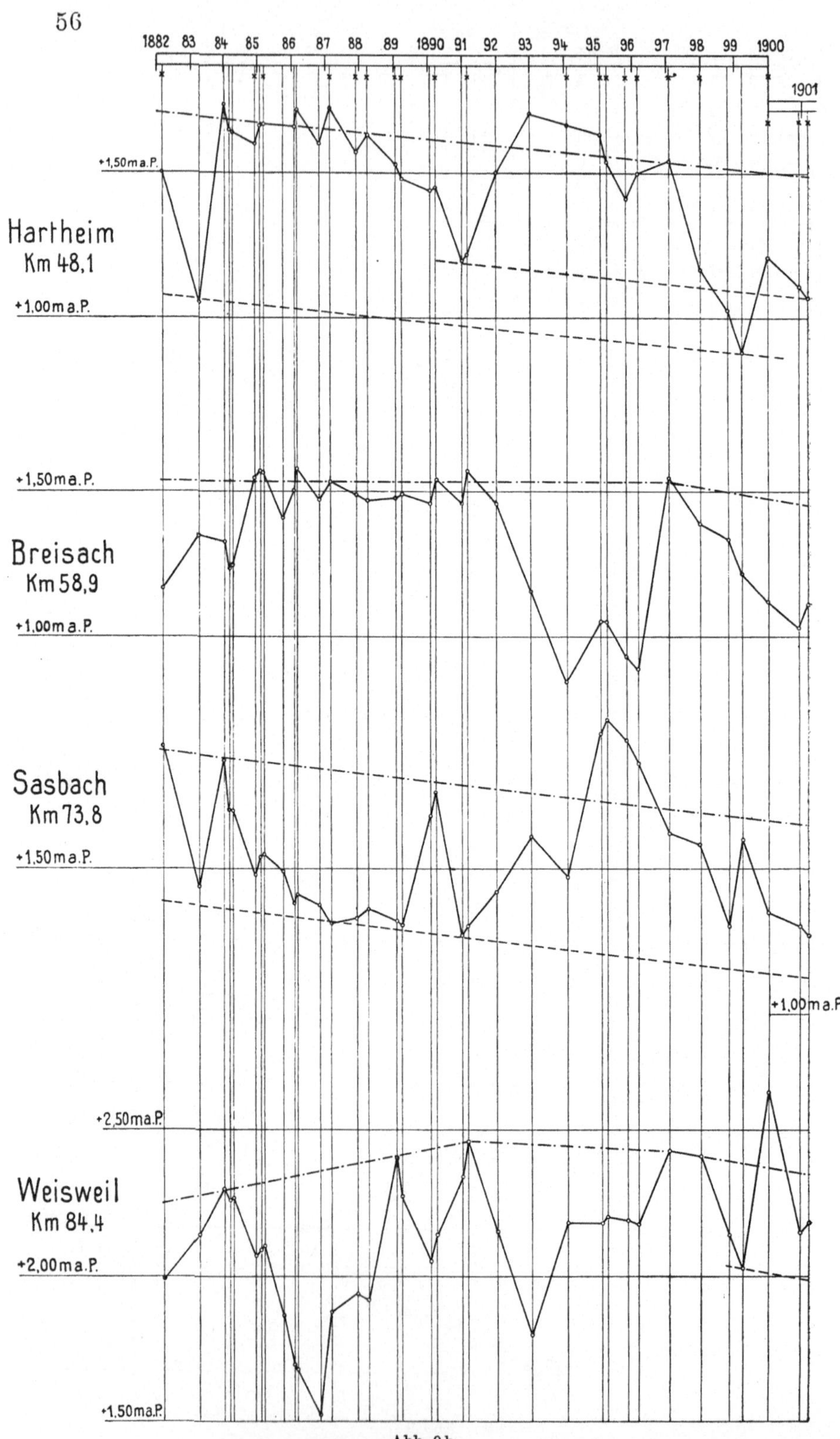

Abb. 9 b.

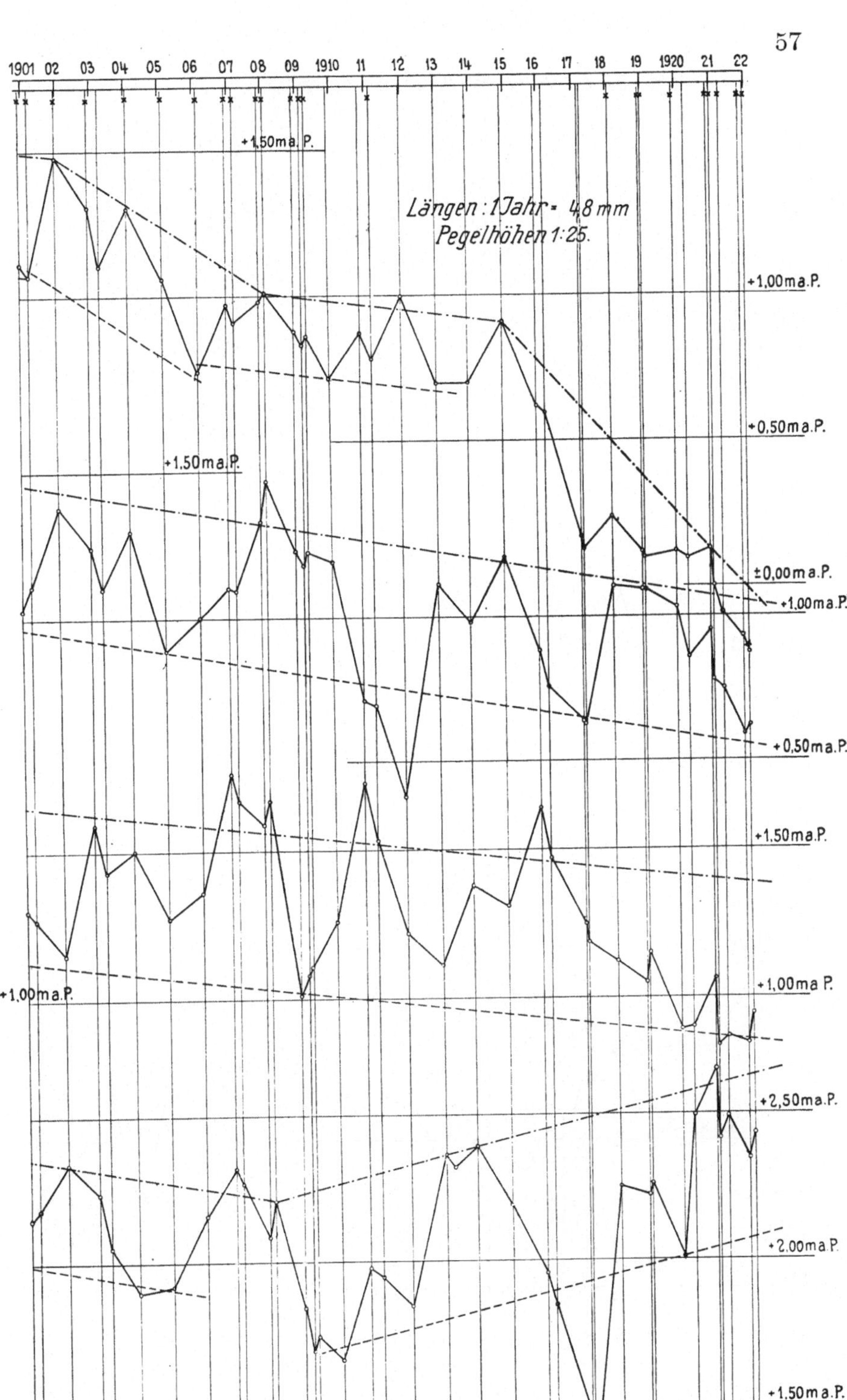

Abb. 9 b.

1882 83 84 85 86 87 88 89 1890 91 92 93 94 95 96 97 98 99 1900 1901
Länge: 1Jahr = 4,8 mm
Pegelhöhen 1:25
Kappel
Km 94,6
+2,00 m a.P.
Ottenheim
Km 104,0
+1,50 m a.P.
Altenheim
Km 114,6
+1,50 m a.P.
Kehl
Km 127,0
+1,50 m a.P.
+1,00 m a.P.

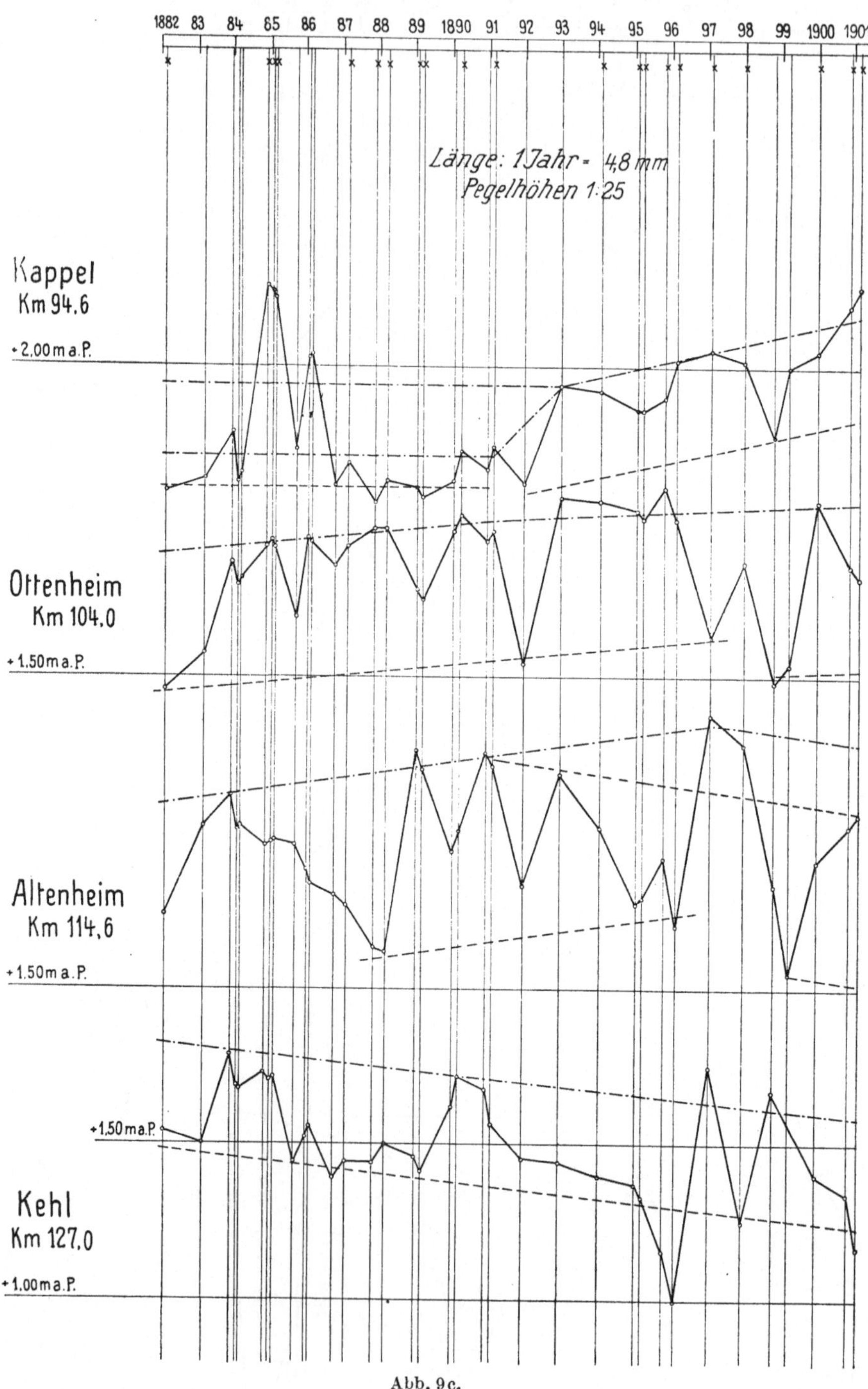

Abb. 9c.

1901 02 03 04 05 06 07 08 09 1910 11 12 13 14 15 16 17 18 19 1920 21 22
+2,00 m a.P.
+1,50 m a.P.
+1,50 m a.P.
+1,50 m a.P.
+1,00 m a.P.

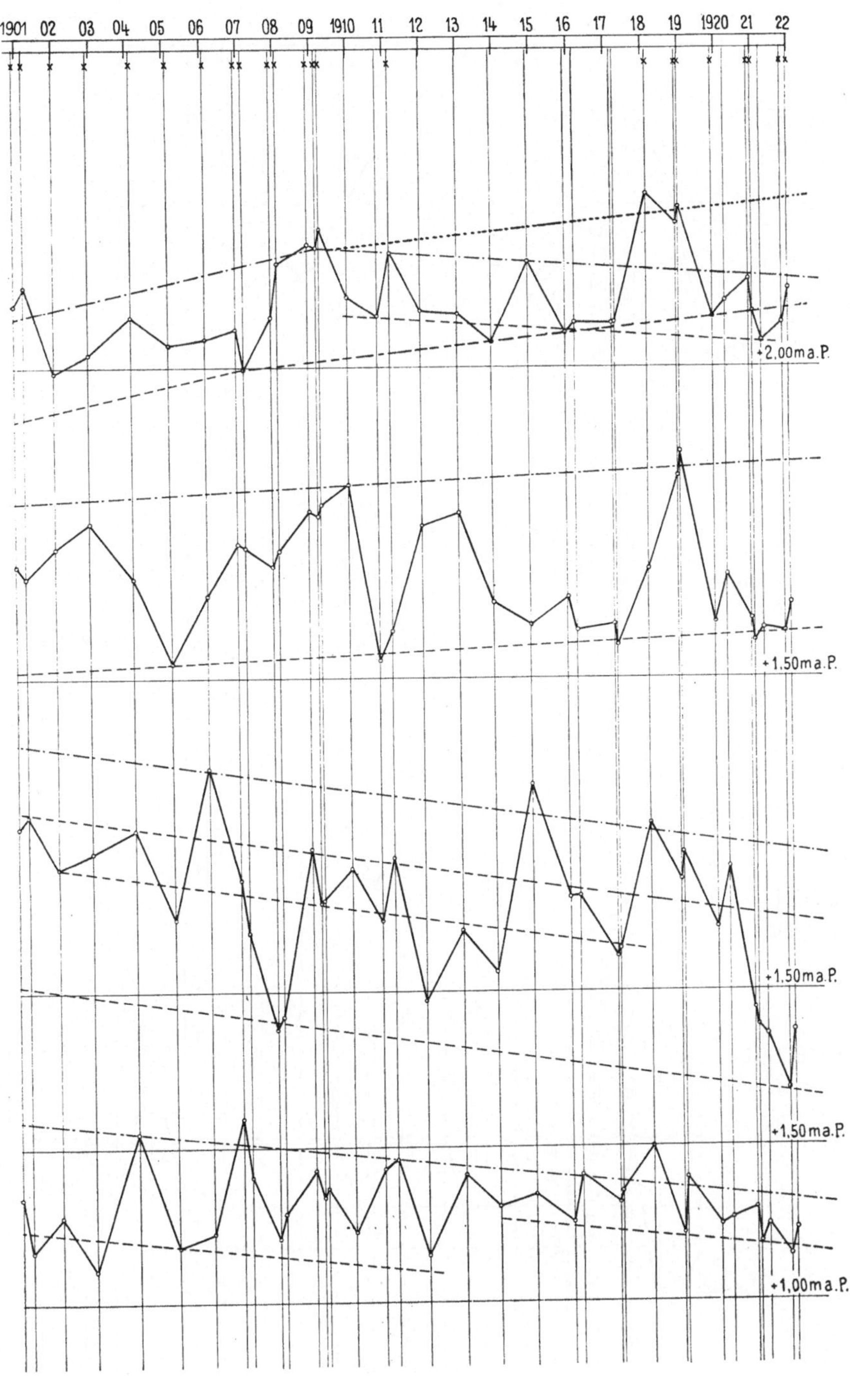

Abb. 9c.

1882 83 84 85 86 87 88 89 1890 91 92 93 94 95 96 97 98 99 1900 1901
Diersheim
Km 139,0
+1,50 m a.P.
+1,00 m a.P.
+2,00 m a.P.
Grauelsbaum
Km 149,9
+1,50 m a.P.
+2,00 m a.P.
Söllingen
Km 160,0
+1,50 m a.P.
Plittersdorf
Km 173,7
+2,50 m a.P.
+2,00 m a.P.

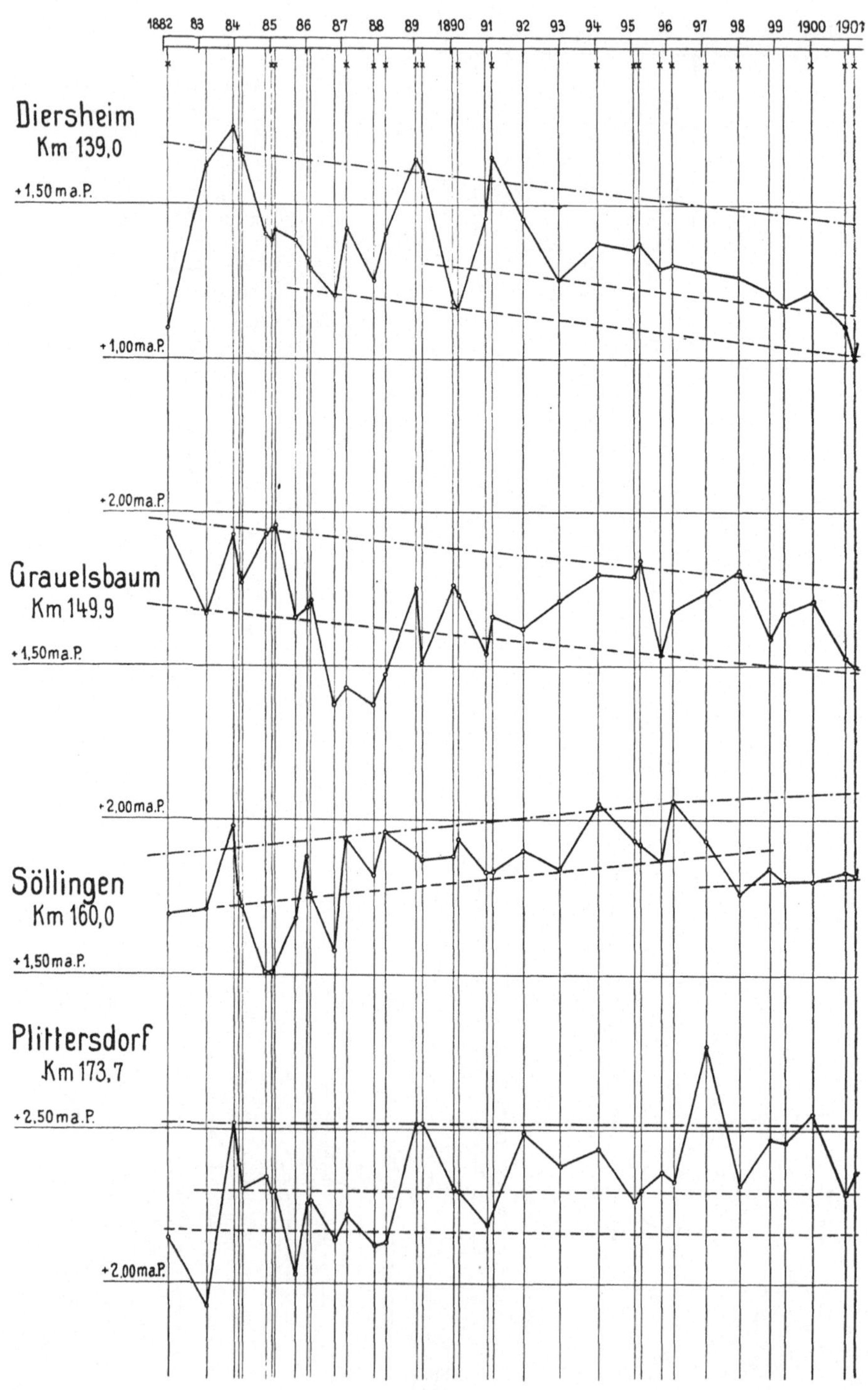

Abb. 9 d.

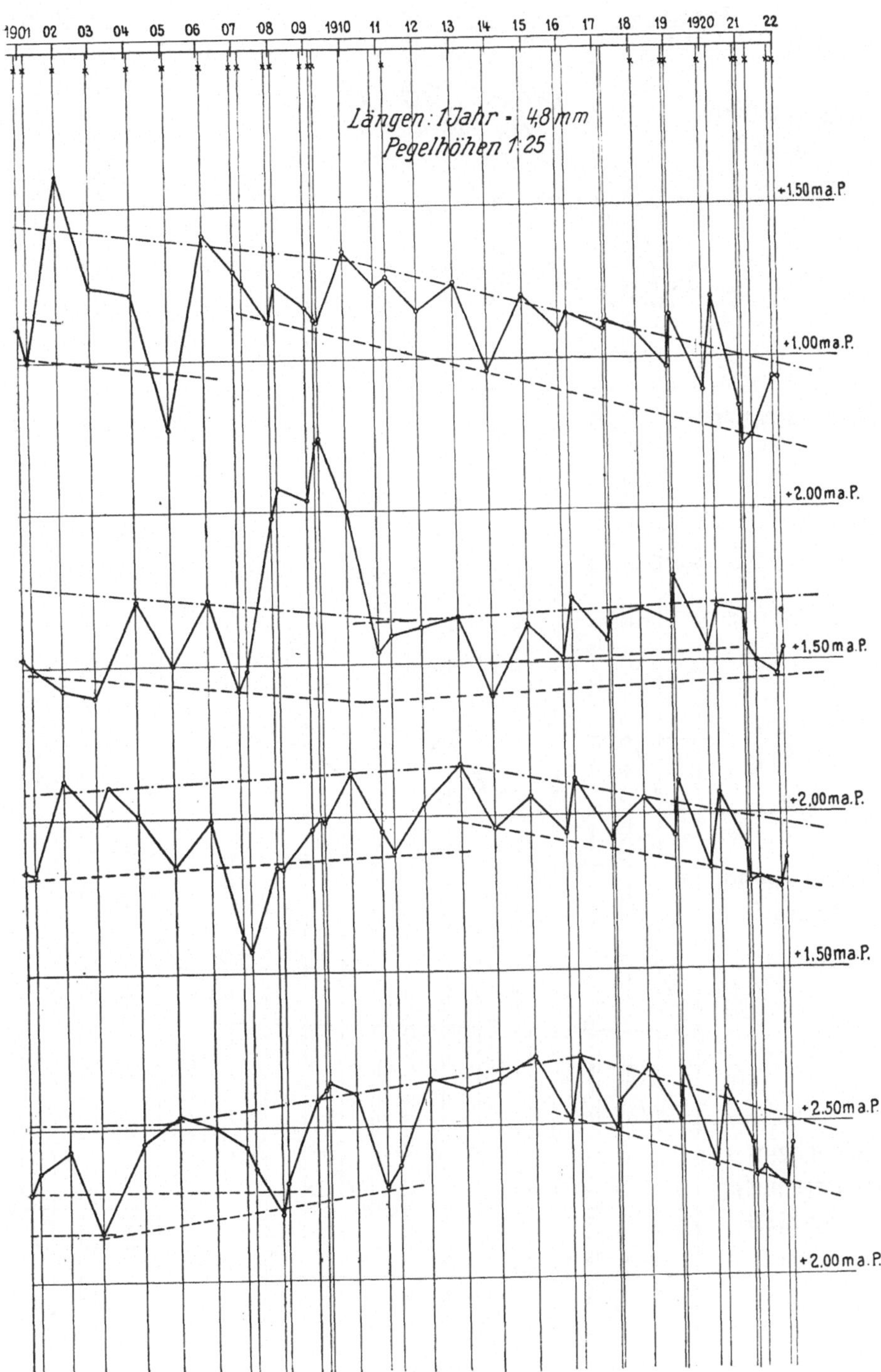

Abb. 9 d.

1882 83 84 85 86 87 88 89 1890 91 92 93 94 95 96 97 98 99 1900 1901
Steinmauern
Km 177,8
+2,50m a.P.
Längen: 1 Jahr = 4,8 mm
Pegelhöhen 1:25
Neuburgweier
Km 187,6
+2,50m a.P.
Maxau
Km 195,7
+2,50m a.P.
Leopoldshafen
Km 204,5
+2,50m a.P.
Dettenheim-
Sondernheim
Km 212,9
+2,00m a.P.

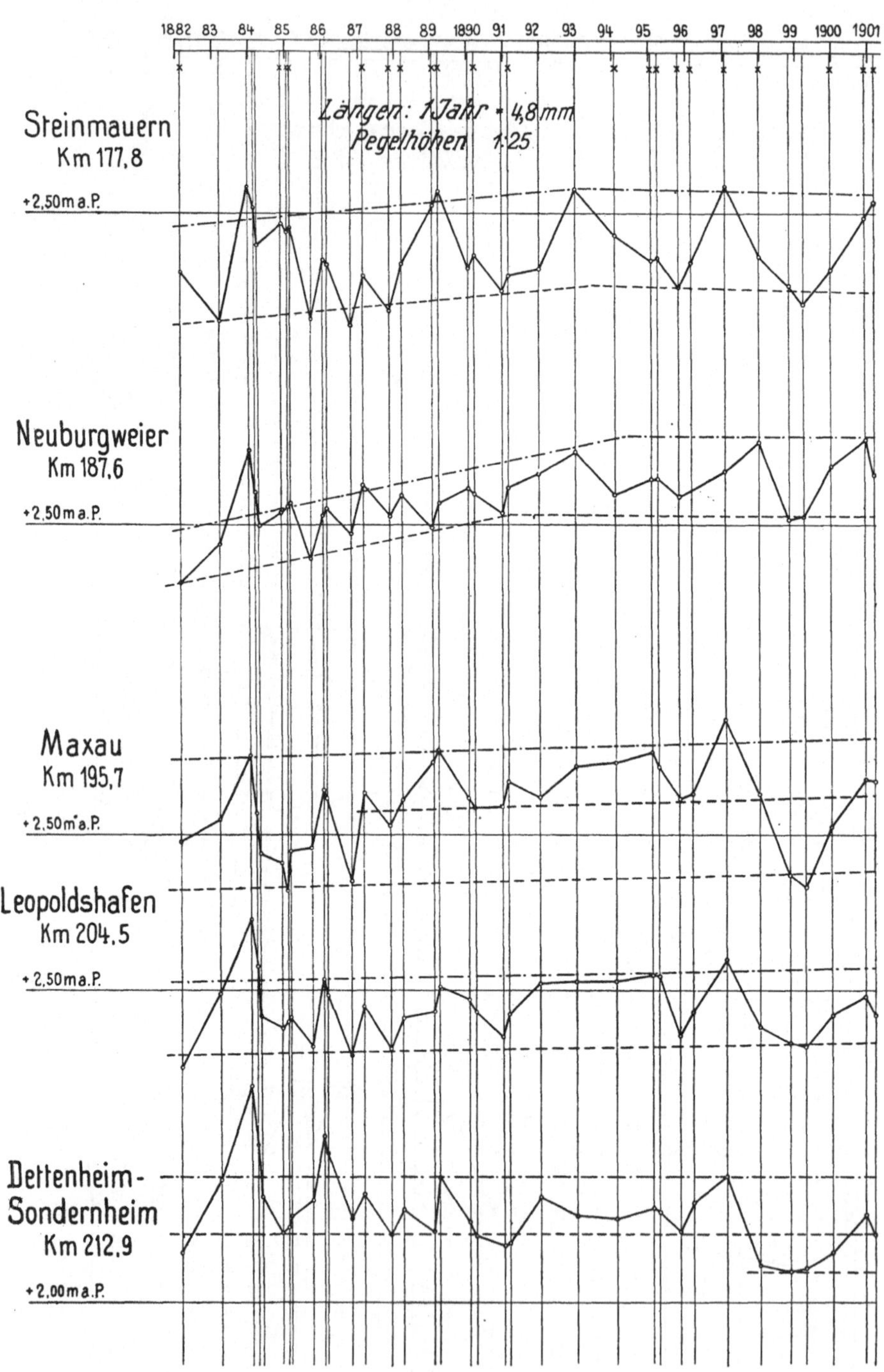

Abb. 9 e.

1901 02 03 04 05 06 07 08 09 1910 11 12 13 14 15 16 17 18 19 1920 21 22
+2,50 m a. P.
+2,50 m a. P.
+2,50 m a. P.
+2,50 m a. P.
Dettenheim - Sondernheim
+2,00 m a. P.

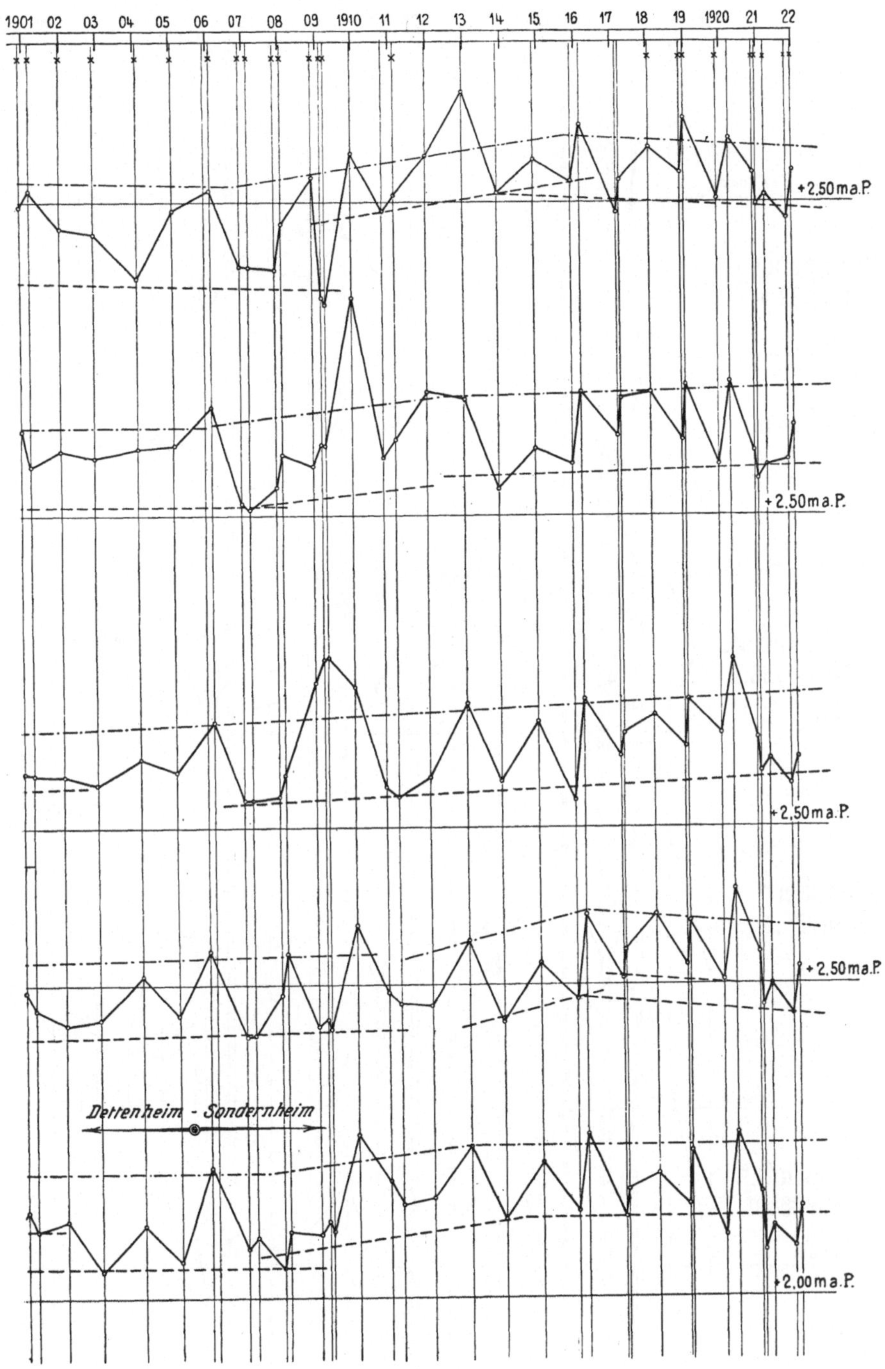

Abb. 9e.

1882 83 84 85 86 87 88 89 1890 91 92 93 94 95 96 97 98 99 1900 1901
Philippsburg
Km 222,4
+2,50 m a.P.
+2,00 m a.P.
Altlußheim
Km 228,7
+2,00 m a.P.
+2,50 m a.P.
Ketsch-Rheinau
Km 243,8 - 248,5
+2,00 m a.P.
Ketsch
Mannheim
Km 258,5
+2,00 m a.P.
+2,50 m a.P.
Sandhofen
Km 264,7
+2,00 m a.P.
+1,50 m a.P.

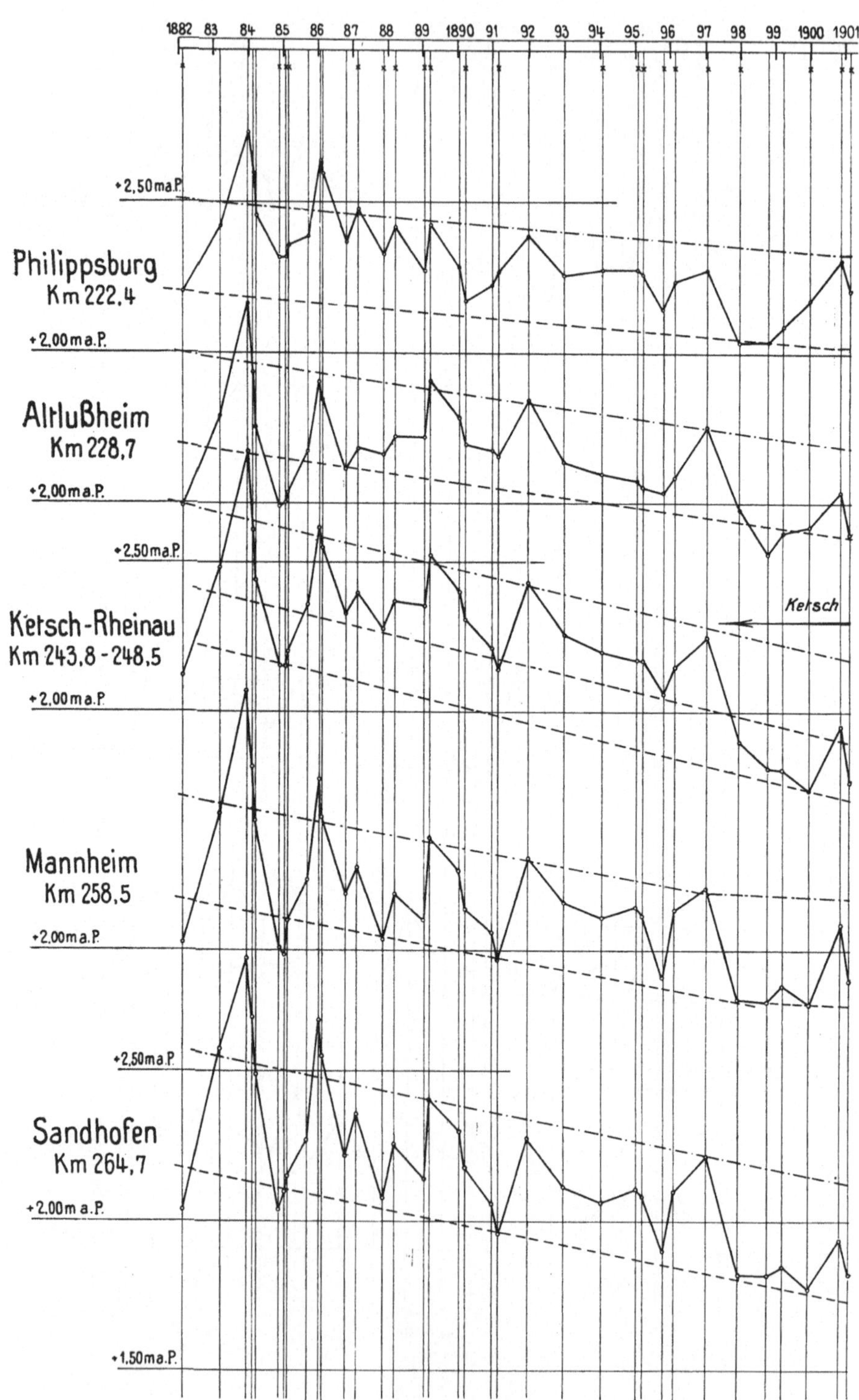

Abb. 9 f.

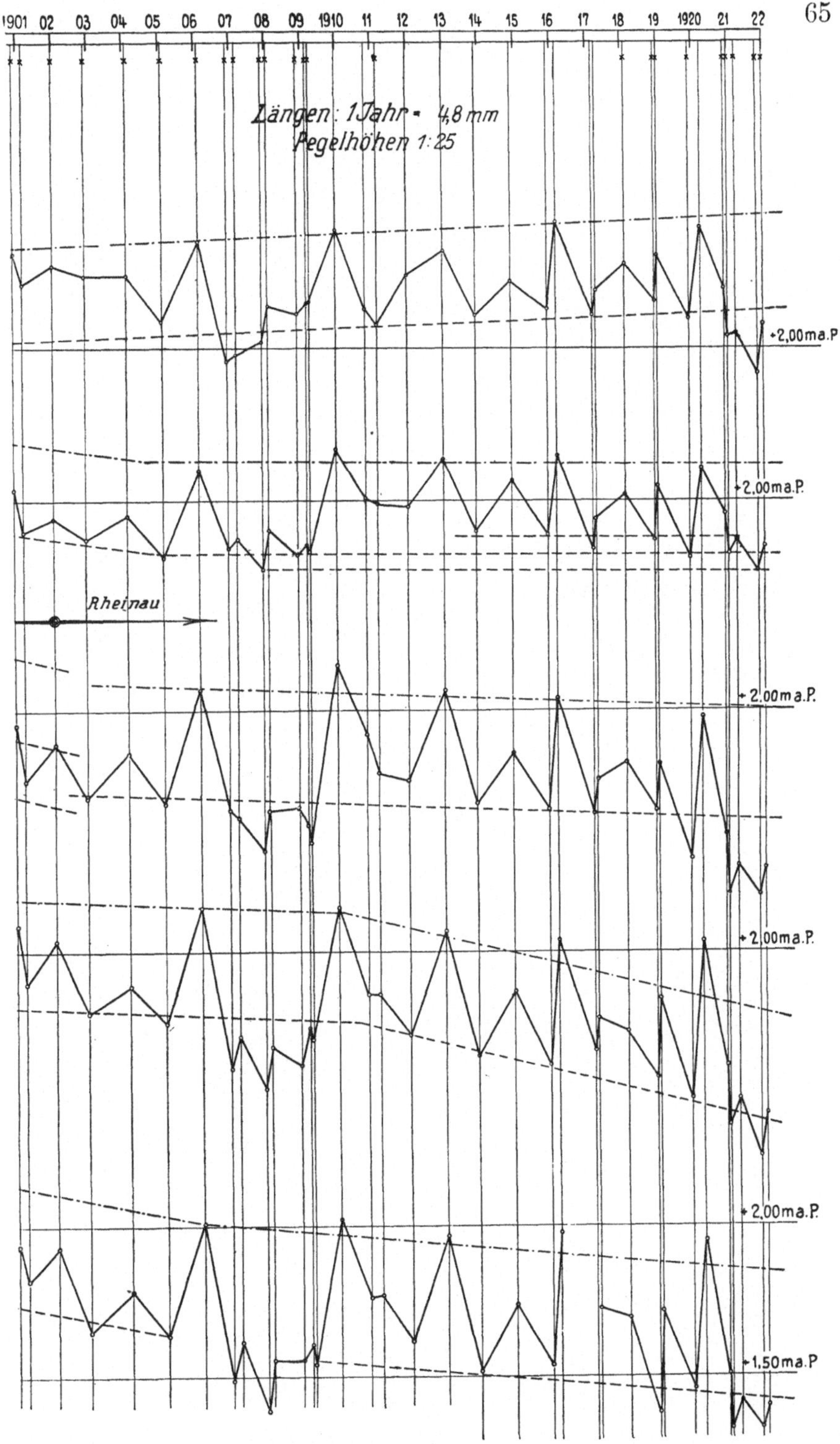

Abb. 9 f.

Der Beton. Herstellung, Gefüge und Widerstandsfähigkeit gegen physikalische und chemische Einwirkungen. Von Dr. **Richard Grün,** Direktor am Forschungsinstitut der Hüttenzementindustrie in Düsseldorf. Mit 54 Textabbildungen und 35 Tabellen. X, 186 Seiten. 1926.
RM 13.20; gebunden RM 15.—

Der Zement. Herstellung, Eigenschaften und Verwendung. Von Dr. **Richard Grün,** Direktor am Forschungsinstitut der Hüttenzementindustrie in Düsseldorf. Mit 90 Textabbildungen und 35 Tabellen. IX, 173 Seiten. 1927.
Gebunden RM 15.—

Vorlesungen über Eisenbeton. Von Prof. Dr.-Ing. **E. Probst,** Karlsruhe.
Erster Band: **Allgemeine Grundlagen. — Theorie und Versuchsforschung. — Grundlagen für die statische Berechnung. — Statisch unbestimmte Träger im Lichte der Versuche.** Zweite, umgearbeitete Auflage. Mit 70 Textabbildungen. XI, 620 Seiten. 1923.
Gebunden RM 24.—
Zweiter Band: **Anwendung der Theorie auf Beispiele im Hochbau, Brückenbau und Wasserbau. — Grundlagen für die Berechnung und das Entwerfen von Eisenbetonbauten. — Allgemeines über Vorbereitung und Verarbeitung von Eisenbeton. — Richtlinien für Kostenermittlungen. — Architektur im Eisenbeton. — Amtliche Vorschriften.** Mit 71 Textfiguren. VIII, 642 Seiten. 1922.
Gebunden RM 20.—

Beton. Anregungen zur Verbesserung des Materials. Ein Ergänzungsheft zu Vorlesungen über Eisenbeton. Erster Band. 2. Auflage. Von Prof. Dr.-Ing. **E. Probst,** Karlsruhe. Mit 7 Textabbildungen. 1.—3. Tausend. IV, 54 Seiten. 1927.
RM 3.—

Wasserdurchlässigkeit von Beton in Abhängigkeit von seinem Aufbau und vom Druckgefälle. Von Dr.-Ing. **Gustav Merkle.** (Mitteilungen des Instituts für Beton und Eisenbeton an der Technischen Hochschule in Karlsruhe i. B. Leitung: E. Probst.) Mit 33 Textabbildungen. IV, 66 Seiten. 1927.
RM 5.10

Die rationelle Bewirtschaftung des Betons. Erfahrungen mit Gußbeton beim Bau der Nordkaje des Hafens II in Bremen. Von Baurat Dr.-Ing. **Arnold Agatz,** Hafenbauamt Bremen. Mit 60 Abbildungen. (Erweiterter Sonderabdruck aus „Der Bauingenieur", Zeitschrift für das gesamte Bauwesen, 7. Jahrgang, 1926, Heft 34, 36 u. 37.) IV, 124 Seiten. 1927.
RM 7.50

Die Bagger und die Baggereihilfsgeräte. Ihre Berechnung und ihr Bau. Von Regierungs- und Baurat **M. Paulmann** in Emden und Regierungs-Baumeister **R. Blaum,** Direktor der Atlas-Werke A.-G. in Bremen.
Erster Band: **Die Naßbagger und die dazu gehörenden Hilfsgeräte.** Bearbeitet von **M. Paulmann** und **R. Blaum.** Zweite, vermehrte Auflage. Mit 598 Textabbildungen und 10 Tafeln. VIII, 281 Seiten. 1923.
Gebunden RM 32.—
Zweiter Band: **Die Trockenbagger.**
In Vorbereitung.

Rheinschiffahrt 1913—1925. Ihre wirtschaftliche Entwicklung unter dem Einfluß von Weltkrieg und Kriegsfolgen. Von Privatdozent Dr. **Anton Felix Napp-Zinn.** Mit 1 Skizze und 52 Tabellen im Text. VIII, 224 Seiten. 1925.
RM 14.40; gebunden RM 15.60

Das Reichsgesetz betreffend den Ausbau der deutschen Wasserstraßen und die Erhebung von Schiffahrtsabgaben vom 24. Dezember 1911 mit Einleitung und Kommentar von Ministerialdirektor **Max Peters,** Berlin. III, 82 Seiten. 1912. Gebunden RM 3.—

Von der Bewegung des Wassers und den dabei auftretenden Kräften. Grundlagen zu einer praktischen Hydrodynamik für Bauingenieure. Nach Arbeiten von Staatsrat Dr.-Ing. e. h. **Alexander Koch,** s. Zt. Professor an der Technischen Hochschule zu Darmstadt, herausgegeben von Dr.-Ing. e. h. **Max Carstanjen.** Nebst einer Auswahl von Versuchen Kochs im Wasserbau-Laboratorium der Darmstädter Technischen Hochschule, zusammengestellt unter Mitwirkung von Studienrat Dipl.-Ing. L. Hainz. Mit 331 Abbildungen im Text und auf 2 Tafeln sowie einem Bildnis. XII, 228 Seiten. 1926.   Gebunden RM 28.50

Technische Hydrodynamik. Von Prof. Dr. **Franz Prášil,** Zürich. Zweite, umgearbeitete und vermehrte Auflage. Mit 109 Abbildungen im Text. IX, 303 Seiten. 1926.   Gebunden RM 24.—

Die Wasserkräfte, ihr Ausbau und ihre wirtschaftliche Ausnutzung. Ein technisch-wirtschaftliches Lehr- und Handbuch von Bauinspektor Dr.-Ing. **Adolf Ludin.** Zwei Bände. Mit 1087 Abbildungen im Text und auf 11 Tafeln. Preisgekrönt von der Akademie des Bauwesens in Berlin. XX, 1404 Seiten. 1913. Unveränderter Neudruck. 1923.   Gebunden RM 66.—

Lehrbuch der Hydraulik für Ingenieure und Physiker. Zum Gebrauche bei Vorlesungen und zum Selbststudium. Von Prof. Dr.-Ing. **Theodor Pöschl,** Prag. Mit 148 Abbildungen. VI, 192 Seiten. 1924.
RM 8.40; gebunden RM 9.90

Aufgaben aus dem Wasserbau. Angewandte Hydraulik. 40 vollkommen durchgerechnete Beispiele von Dr.-Ing. **Otto Streck.** Mit 133 Abbildungen, 35 Tabellen und 11 Tafeln. IX, 362 Seiten. 1924.
Gebunden RM 11.40

Handbuch der Hydrologie. Wesen, Nachweis, Untersuchung und Gewinnung unterirdischer Wasser: Quellen, Grundwasser, unterirdische Wasserläufe, Grundwasserfassungen. Von Zivilingenieur **E. Prinz,** Berlin. Zweite, ergänzte Auflage. Mit 334 Textabbildungen. XIII, 422 Seiten. 1923.   Gebunden RM 18.—

Geologische Voraussetzungen für Wasserkraftanlagen. Von Prof. Dr. **J. L. Wilser,** Freiburg i. Br. 58 Seiten. 1925.   RM 3.60

Die Grundwasserabsenkung in Theorie und Praxis. Von Dr.-Ing. **Joachim Schultze,** Privatdozent, Berlin. Mit 76 Textabbildungen. V, 138 Seiten. 1924.   RM 6.—; gebunden RM 7.—

(w) **Geschiebebewegung in Flüssen und an Stauwerken.** Von Prof. Dr. techn. **Armin Schoklitsch,** Brünn. Mit 124 Abbildungen im Text. IV, 108 Seiten. 1926.   RM 8.70; gebunden RM 10.20